科技自立自强与
建设科技强国

—— • 赵　刚　王曙光／著 • ——

科学出版社

北　京

内 容 简 介

中美贸易战以来，美国实施与中国科技脱钩策略，企图遏制和打压我国科技发展。特别是对华为等中国高科技企业的制裁，暴露了我国一些关键核心技术依赖欧美等发达国家和地区的状况并没有发生根本的改变。我国需要依靠高水平的科技自立自强，抓住新一轮科技革命和产业变革的机遇，促进经济高质量发展；通过强化国家战略科技力量，提升企业技术创新能力，激发人才创新活力，加大对外开放力度，加强科技创新治理等，构建新发展格局，建设科技强国。本书回顾了世界科技发展进程，以及我国科技发展历程，讨论了科技发展对综合国力的影响，分析了国际格局随科技发展而变化的规律，最终对科技自立自强的重要性和意义，以及目标进行论述。

本书可以为政府科技管理部门提供借鉴，可以为高校院所及服务机构相关人员提供参考，还可以为广大学生和其他热心读者提供了解国家科技战略和政策的基本材料。

图书在版编目（CIP）数据

科技自立自强与建设科技强国 / 赵刚，王曙光著. —北京：科学出版社，2023.7

ISBN 978-7-03-074195-0

Ⅰ. ①科… Ⅱ. ①赵… ②王… Ⅲ. ①科技发展—研究—中国 Ⅳ. ①G322

中国版本图书馆 CIP 数据核字（2022）第 235879 号

责任编辑：郝　悦 / 责任校对：贾伟娟

责任印制：赵　博 / 封面设计：有道设计

科学出版社 出版

北京东黄城根北街 16 号

邮政编码：100717

http://www.sciencep.com

北京中科印刷有限公司印刷

科学出版社发行　各地新华书店经销

*

2023 年 7 月第 一 版　开本：720×1000　1/16

2024 年 5 月第二次印刷　印张：13 1/4　插页：1

字数：260 000

定价：98.00 元

（如有印装质量问题，我社负责调换）

前　　言

2017 年 12 月 28 日，中共中央总书记、国家主席、中央军委主席习近平在北京人民大会堂接见回国参加 2017 年度驻外使节工作会议的全体使节并发表重要讲话，提出中国处于"百年未有之大变局"这一论断①。在过去短短几年时间里，全球化进程被曾经的"全球化最有力的推动者"美国率先反对，之后演变为贸易保护、"本国优先"政策的连续出台及主要针对中国的各种限制、制裁、脱钩等措施。由于中国与美国是当今世界数一数二的政治经济大国，中美贸易战和科技战直接影响其他国家，使其他国家不得不被卷入其中，从各自的角度去适应和应对。

2020 年伊始，新冠疫情席卷全球，又为"百年未有之大变局"增添了新的变数。说这是一场"史无前例"的疫情毫不为过，因为之前虽有过致命的、可怕的传染病，但都是在局部地区，未在全球范围内传播，而这次疫情是在全球范围、无死角地传播。其影响不仅是疫情本身对人们生命健康的威胁和给生活带来的不便，也涉及各国的社会秩序维护、国家治理方式及人们思想观念等之间的矛盾和冲突。围绕疫情展开的病毒起源舆论战、信息战、外交战、科技战、产业战等空前激烈，导致各国政府政策、企业行为、民众生活受到深刻影响。

2022 年 2 月，北大西洋公约组织（简称北约）与俄罗斯之间"遏制、围堵"与"反遏制"战略终于达到又一临界点，爆发了"俄乌冲突"。虽然到本书完稿为止这场冲突仍在持续，且结果难料，但是它注定将给世界格局带来长远而深刻的影响。战争消耗的不仅是冲突双方，也使世界主要国家卷入其中，不管其愿不愿意。除了军事援助、科技信息、舆论宣传和政治外交手段外，目前美国及其盟友对俄罗斯祭出了史无前例的经济制裁，并持续使用胁迫和施压手段让其他国家参与其中。

"百年未有之大变局"更体现在移动互联网时代，在战争、疫情和经济衰退复杂交互影响过程中的各国民众思想变化。民粹主义抬头、新型的意识形态对垒、宗教文化矛盾、历史积怨激化以及对现实的不满和发泄情绪充斥在各国、各族群、各阶层和各行业。这些反过来影响了各国政治外交和经济政策，甚至体育、文化

---

① 《习近平接见 2017 年度驻外使节工作会议与会使节并发表重要讲话》，http://www.gov.cn/xinwen/2017-12/28/content_5251251.htm，2023 年 2 月 24 日。

和艺术等曾经被用来呼吁"和平、友好、交流"的领域首当其冲成为牺牲品。要应对"百年未有之大变局"带来的复杂、严峻的形势,以及危与机同生共存的长期挑战,最重要的是正确理解,并进行着眼长远的大战略思考,探索发展之路。

从 2020 年十九届五中全会首次提出"把科技自立自强作为国家发展的战略支撑"①,到 2020 年中央经济工作会议明确将"强化国家战略科技力量"放在八大重点任务之首②,都是站在"两个一百年"奋斗目标的历史交汇点上,面对"百年未有之大变局",秉持科学精神,把握科学规律,大力推动自主创新,把国家发展建立在更加安全、更为可靠的基础之上的重大战略方针。因为只有科技自立自强,强化国家战略科技力量,才能从根本上保障国家经济安全、国防安全和其他安全。

中美激烈的创新竞合局面,是我们面对的"百年未有之大变局"的一个重要组成部分。其背后的原因就是中国作为大国重新崛起,对后冷战时期世界格局产生重大影响。而美国则作为最大的现有格局受益者,一定不会愿意看到中国的强大。虽然中国发展对世界有好处,可以稳定世界不安定因素,但是只要美国有拖延中国发展的想法,就会制定和实施一系列的战略,采取围堵、遏制、分化、扰乱甚至对抗等措施,就像美国一直以来推销的"中国威胁论"和中国人权问题等。

从特朗普政府时期到现在的拜登政府时期,美国的对华政策充满了单边主义、霸凌主义和保护主义的特点,更具有"战略"思考和行动的特点。可以说对华科技战是美国如今在不发生战争的情况下,削弱中国发展的最强大武器。因为通过贸易战和倚仗美国霸权实力强加给中国"新冷战"的手段已经挡不住中国的崛起。美国甚至在贸易战过程中仍然需要和中国达成协议,来减少贸易战对美国经济的冲击。另外,虽然美国对华全方位施压已经开始,在香港、新疆和西藏问题上加强对中国内政的干预,以及发动周边国家挑衅中国,拉拢盟友对中国意识形态进行攻击等,但都没有达到遏制中国发展的目的。因此,只能也只可能用科技封锁、打压、制裁等手段,才有希望达成目的。而中国有几千年的文明历史,遭遇过近代各种苦难后有着强烈的复兴梦想,绝不会允许有人阻碍我们的发展。如何应对"百年未有之大变局"考验的是中国的"战略"思维和行动的能力。这就是科技自立自强重大意义所在。

本书从科技战略研究的视角出发,着眼于在国家间竞争、冲突与合作并存的

---

① 《中共中央关于制定国民经济和社会发展第十四个五年规划和二〇三五年远景目标的建议》,http://www.gov.cn/zhengce/2020-11/03/content_5556991.htm,2022 年 9 月 3 日。

② 《中央经济工作会议在北京举行》,《人民日报》,2021 年 12 月 11 日,第 1 版。

条件下，如何赢得国家科技发展，实现科技强国目标。

　　本书主要内容包括：第一，讨论新一轮科技革命带来的世界发展新趋势，分析科技发展如何影响国际格局以及国际权力结构调整和变化的逻辑；第二，结合具体的国内外政治、经济、科技等因素，讨论科技自立自强的重要性；第三，梳理国家经历兴衰起伏的实证依据；第四，剖析和展望科技强国之路的手段和目标。

目　　录

第四篇　制胜未来：中国科技强国之路

创新竞合:
科技发展新格局

第一篇

第一章 新一轮科技革命
与产业变革正在兴起

第一节 历史上的三次科技革命与产业变革

一、英国第一次工业革命

1765 年起,"万能蒸汽机"的发明与广泛采用,促进了棉纺织业、毛纺织业、采煤业的发展,大大加速了英国工业革命的进程。科技与工业的巨大变革使英国的经济地位发生了根本变化,不仅在欧洲,而且在全世界获得了领先地位,成为"世界工厂"。到 1876 年,英国殖民地横跨东西半球,面积达 2250 万平方千米,拥有 2.5 亿人口,被称为"日不落帝国"。

二、法国、德国、美国等第二次工业革命

19 世纪很多重大的科技发明开花在英国和法国,结果却在德国,科技中心转移到德国。在 19 世纪最后 30 年,德国建立了现代化的工业体系,工业用了不到 30 年就超过了英国。20 世纪初,德国的工业生产总值增长 4.7 倍,占世界工业总产值的 16%,仅次于美国,居于世界第二位。

1870~1900 年,美国工业产值平均每年增长速度为 7.1%,1900~1913 年为 6.6%。1894 年,美国工业生产能力跃居世界第一位,生产量等于欧洲各国生产总量的一半。到 1913 年,工业产品生产量占世界工业产品总量的 1/3 以上,比英国、德国、法国、日本四国工业产品生产量的总和还要多。

三、美国引领第三次科技革命

第三次科技革命开端于美国。第二次世界大战(简称二战)后资本主义世界的重大科技发明有 65% 是美国首先研究成功的,75% 是美国首先付诸应用的。1947 年美国的工业产品生产量占资本主义世界的 53.9%,出口贸易额占资本主义世界的

1/3，黄金储备量在 1949 年占整个资本主义世界的 74%，成为世界头号的"金元帝国"。1960 年，美国科技人员达 30 万人。科技的发展与进步对美国经济、军事实力的增长起到了决定性的作用，使美国成为世界上最强大的超级大国。

第二节　科技革命与产业变革改变世界格局

一、弱国崛起成为强国的历史机遇

（一）科技革命与大国崛起

近代以来的科技发展可以按照其时间、变革标志、影响等大致分为工业革命或产业革命、电力革命和信息技术革命三个阶段，每一阶段都伴随大国崛起和世界格局变化，具体见表 1-1。

表 1-1　三次科技革命与世界格局

项目	第一次（工业革命或产业革命）	第二次（电力革命）	第三次（信息技术革命）
开始时间	18 世纪 60 年代	19 世纪 60 年代后期	20 世纪四五十年代
主要标志	蒸汽机、纺纱机、轮船、火车	电力、内燃机、汽车、飞机、电动机、电灯、电报等	原子能、计算机、手机、网络、卫星
理论基础	牛顿力学	法拉第电磁学	爱因斯坦相对论
领先国家	英国	美国、德国	美国
对世界格局的影响	确立资产阶级在世界的统治地位，英国成为世界霸主，西方在全世界殖民侵略，东方从属于西方	主要国家进入帝国主义阶段开始瓜分世界，互相之间矛盾激化形成两大军事侵略集团，导致两次世界大战	各国抓住机会迅速发展经济，欧洲共同体和日本对美国霸主地位形成挑战，世界格局向多极化发展

世界主要国家的发展和大国崛起的方式和途径，无非就是抓住三次科技革命的契机，提升社会、经济、文化、军事和政治地位。其中，英国、法国、美国、俄罗斯、日本等具有很强的代表性。

第一种途径：发起科技和工业革命（伴随商业革命、政治革命、宗教革命等）而崛起的英国、法国等欧洲国家模式。

英国、法国等国家通过资产阶级革命推翻封建制度，如 1640～1688 年英国的资产阶级革命，1789 年法国大革命等。

英国、法国等欧洲国家最早进行工业革命，积极开拓世界市场。在科学和技术方面，牛顿建立近代力学体系、瓦特改良蒸汽机等都是创造人类新时代的标志性事件，也奠定了英国、法国等国家的国际地位。

第二种途径：美国作为独特的移民国家，抓住甚至参与前两次工业革命，乃至引领第三次工业革命。

1775～1783 年美国通过独立战争，推翻了殖民统治，赢得了民族独立。

美国抓住两次工业革命的机遇发展科技，确立工业强国地位。而且，每次工业革命时期美国都有引领时代的创新，例如，1807 年富尔顿发明汽船（第一次工业革命时期），1879 年爱迪生发明电灯泡和 1903 年莱特兄弟发明飞机等（第二次工业革命时期）。

19 世纪末美国在经济上跨入大国行列，两次世界大战后，美国成为资本主义世界霸主。在冷战的两极格局解体后，美国成为世界上唯一的超级大国。

第三种途径：俄罗斯帝国、日本等作为后发国家，积极学习西方科技并追赶上工业革命步伐，从而成为世界级强国。

日本于 1868 年开始的明治维新通过自上而下的资产阶级改革逐步废除旧制度从而使日本走上资本主义的道路，同时使日本摆脱了沦为半殖民地国家的危机，从闭关锁国的封建国家成为亚洲强国。

两次工业革命期间，日本积极学习西方的长处，学习西方先进的科学技术和管理经验。

二战后的日本在 20 世纪 70 年代成为仅次于美国的第二号资本主义经济强国，在资本主义世界形成美国、欧洲、日本三足鼎立的局面。

19 世纪 30 年代，俄罗斯帝国才追随西方步伐开始其第一次工业革命。这相当于落后英国半个世纪。俄罗斯帝国政府于 1861 年启动的农奴制改革是俄罗斯近代史的转折点，是俄罗斯走向资本主义道路的开端。到 19 世纪 90 年代，俄罗斯帝国才真正开启了以国家为主导、从重工业着手快速追赶的工业化道路，并取得巨大成效。到 20 世纪初，俄罗斯帝国已跻身世界五大工业强国之列。

（二）中国历史上错失的战略机遇期

近代 500 年来，因决策者保守和思想观念落后于客观现实，中国最少错失过四次关系到国家前途与命运的重大战略机遇期[1]。

第一次：进入 15 世纪以后，世界历史开始由分散发展走向整体性发展。16 世纪起，先后有葡萄牙、西班牙相继崛起。尤其从 17 世纪开始，英国、法国、荷兰甚至德国、俄罗斯、意大利相继发生资产阶级革命，抛弃腐朽的封建制度，建立起新的资本主义经济政治制度。而中国失去率先实现经济政治转型，发展近代科

---

[1] 刘洪，陈昕晔，周虎等：《国运 2011—2020：未来 10 年战略机遇分析》，《环球》，2011 年第 5 期。

技和大工业的先机，失去了第一个战略机遇期。此后，中国经济、科技和综合国力江河日下，成为列强瓜分的对象。

第二次：19世纪中叶开始，借助近代科技、工业革命而强盛起来的欧美国家大规模东侵，企图把全世界纳入其殖民统治范围。在鸦片战争后，中国清王朝面对世界大潮，搞的是"中体西用"，不愿触动封建统治的根基，仍然沉溺于"天朝大国"的梦幻中，错失了第二个战略机遇期。日本通过明治维新抓住了战略机遇期，学习欧美国家政治经济制度，大力发展近代科技和大工业，迅速成长为东亚强国。中日力量对比出现根本性变化，以致日本不断侵略中国，也颠倒了地缘政治结构。

第三次：辛亥革命推翻了清王朝的封建统治，第一次在中国建立了具有资产阶级共和国性质的中华民国，并开启了民智。虽然中国这场并不彻底的资产阶级革命迟到了300年，但若发展顺利，本可以成为中国崛起为世界强国的第三个战略机遇，然而由于封建残余势力的强大和帝国主义干预，中国陷入军阀割据和连年内乱。

第四次：20世纪六七十年代，全球化加速发展，第三次工业革命如火如荼，日本、韩国、新加坡、马来西亚、泰国，以及中国的台湾、香港地区等"亚洲四小龙""亚洲四小虎"国家和地区形成发展"雁阵"，经济迅速崛起。此时的中国对国内阶级斗争的严峻性进行了不适当的估计，中华人民共和国成立后20年间积累的国力被错用。中国部分错失了第四个战略机遇期，拉大了与世界先进国家的差距。

（三）弱国成为强国的历史机遇非常稀缺宝贵

中国历史上前两次战略机遇期间隔三个世纪，三百年一遇。后几次战略机遇期的间隔较短，也在半个世纪左右。可见战略机遇期对一个国家的发展、崛起而言，是不可多得的稀缺资源。

不仅如此，当战略机遇期来临时，能否认识到，能否抓住，对国家的命运也是决定性的。前三次战略机遇期的丧失，使中国从古代世界的"超级大国"沦落为弱国，成为"挨打"对象。第四次战略机遇期的部分丧失，使中国在国际竞争中落入不利境地。

所幸中国紧紧抓住第四个战略机遇期的尾巴，坚持改革开放，赶上了最后一班车，并取得了举世瞩目的成就。但是，中国离成为世界发达国家的标准还有较大差距，这就要求中国继续坚持发展战略，抓住21世纪新的发展机遇期，使中华民族真正实现伟大复兴。

（四）新的科技产业革命将提供新的机遇

当前国际发展环境复杂多变，不确定、不稳定因素增多。进入 2019 年，世界经济增长动能明显减弱，美国、日本、欧盟等发达经济体经济增长出现趋缓态势，一些新兴经济体经济增长速度也出现了明显下滑。近年来，贸易保护主义兴起，尤其是 2018 年美国在全球范围内挑起贸易摩擦，主要发达经济体贸易保护主义升温，世界贸易增速大幅减慢。

从历史经验来看，技术创新是推动经济周期性变化的主要因素，在相当大程度上经济增长的长周期等同于技术革命的周期。世界经济进入了第五轮长周期的下行期和第六轮长周期的上行期的交汇阶段，新一轮科技革命和产业变革将给全球经济增长注入新动能。

中国经济已由高速增长阶段转向高质量发展阶段，正处在转变发展方式、优化经济结构、转换增长动力的攻关期。新一轮科技革命和产业变革为高质量发展提供了重要战略机遇。

新科技产业革命有助于推动传统产业结构转型升级。新科技产业革命将改造我国传统生产模式和服务业态，推动传统生产方式和商业模式变革，促进制造业和服务业融合发展。在推动传统产业转型升级方面，新一代信息技术和智能制造技术融入传统制造业的产品研发、设计、制造过程，将推动我国传统制造业由大批量标准化生产转变为以互联网为支撑的智能化、个性化定制生产，大幅提升传统产业发展能级和发展空间。在促进制造业和服务业融合发展方面，新一代信息技术、智能制造技术等全面嵌入制造业和服务业领域，将打破我国传统封闭式的制造流程和服务业业态，促进制造业和服务业在产业链上融合。随着产业高度融合、产业边界逐渐模糊，新技术、新产品、新业态、新模式不断涌现，现代产业体系将加速重构，产业质量效益将获提升。

新科技产业革命有助于催生新的经济增长动能。新技术及其广泛应用将促进生产效率提高，而新技术的产业化和商业化则将打造出新的业务部门和新的主导产业，催生新的经济增长点。在提升潜在经济增长率方面，新一代信息技术、智能制造技术等，将改造传统的资源配置和生产组织方式，促进全社会资源配置效率的提高；智能机器人等将替代低技能劳动、简单重复劳动，缓解劳动力紧缺并提高劳动生产率。在形成新的经济增长点方面，新技术在人工智能等领域取得突破，将催生出关联性强和发展前景广阔的新产业、新业态，尤其是依托我国纵深多样、潜力巨大的国内市场需求，必将形成重要的新增长点。

依托我国拥有联合国产业分类中全部工业门类的产业条件，14 亿人口基数、不断升级的消费结构等塑造的全球规模最大的市场，以及日益丰富的人力资源、科技创新成果、新型基础设施等要素支撑条件，我国在新一轮科技革命和产业变革中拥有足够的韧性和巨大发展潜力。

二、国际格局变迁的主要动力

世界格局指的是一种相对稳定的国际关系格局。一种世界格局的形成，是世界上各种力量经过不断的消长变化和重新分化组合，从量变逐渐发展到质变，构成一种相对稳定的均势的结果。一种世界格局的解体，则是由于这种稳定的均势被打破，再也无法保持下去了。

目前世界格局中存在几个主要的力量中心，暂时形成"一超多强"的局面。美国是世界上唯一的超级大国，欧盟、日本、俄罗斯、中国等国家和国家联盟是国际格局中的重要力量。

从近期看，美国仍将保持世界唯一超级大国的地位，"一超多强"的局面还将继续下去。但从长远看，世界格局向多极化发展的趋势不可逆转，这是由世界经济力量的多极化所决定的。而经济力量的多极化又是科技创新和应用的竞争与合作推动的结果。在这方面，目前存在着美国、日本、欧盟、中国、俄罗斯五个力量中心。五个力量中心的存在，在很大程度上影响着世界各地区和许多国家。同时，五个力量中心存在的相互竞争、相互制约的关系，保持了目前世界格局的相对稳定。

总之，国际格局的建立和变迁以相应的国际力量为依据，力量对比的根本性变化才会引起国际关系的重大变革。虽然大多数情况下国际格局是因为战争改变世界力量对比而变化，但是像二战后的两极世界冷战格局却是因为科技第三次革命及之后的经济发展缓慢地改变了各国力量对比而被打破的。因此，未来的格局的建立也需要一个缓慢的过程，而大国或国家集团在国际格局的建立过程中将起到决定性作用。

第三节　全力迎接新一轮科技革命和产业变革

一、世界科技发展的新趋势

当今世界，新的科学发展、新的技术突破以及重大集成创新不断涌现，科技成果产业化速度越来越快[1]。科学技术在经济社会发展、人类文明进程中发挥着愈

---

[1] 路甬祥：《世界科技发展的新趋势及其影响》，《中国科技奖励》，2005年第3期，第9~95页。

加明显的基础性和带动性作用。

（一）信息科技发展将不断催生出新的创新

以信息科技为主的科技发展将继续深刻改变人类的生产与生活方式。例如，现代的制造实际上是信息化、网络化、全球化的制造过程。又如，传统服务业，无论是物流、旅游还是金融等，都已经实现电子化、信息化、网络化。新的增值服务行业正在兴起，人类日常生活，尤其是在城市生活的人们，几乎时刻都离不开电子与信息的服务，包括网络、手机、电子化的家用电器及办公设施。

信息科技的主导作用还体现在促进传统产业升级、催生新的产业、改变产业结构方面。发达国家的服务业主要是全球化的经营管理活动，以及以科技为主导的开发与创新活动。其中，信息科技发挥着并且继续发挥着不可替代的作用，并将蓬勃发展。

（二）生命科学与生物技术正酝酿着一些重大突破

生命科学、物质科学、信息科学、认知科学四大学科的融合，被美国国家科学基金会（National Science Foundation，NSF）提升为一个方向性支持的重点。

生物技术在解决食品、疾病和健康等问题上已经取得并将继续取得重大进展，生物技术异军突起，而且在环境领域将发生重大变革。

物质科学继续焕发新的生机，微观物理学致力于四种基本相互作用统一理论，而宇宙学深入探讨宇宙起源和演化。人类在暗物质方面有了新的认识，新的量子现象和规律不断被发现，这些发现有望得到更为广泛的应用。另外，材料分子尺度的设计和组装在许多领域已经成为可能。

（三）新材料科技将得到更多关注

新材料方面，具有功能化、复合化、智能化和环境友好等特征的材料将会得到更多关注。极端条件下的超级结构材料将不仅向着超高强度而且向着强功能方向和结构与功能一体化的方向发展。国防隐身材料也将会从涂覆性涂层向复合结构、掺混材料发展。

（四）节能、环保、再生能源等领域将再上新高

环境技术已经从一般领域逐步向高技术领域发展，环境技术所采用的恢复手段、检测手段都离不开物理、化学、生物或者综合的高级方法。自然科学从对地表浅层资源的探寻，逐步向深层发展，从陆地走向海洋，从地球走向空间，从注重矿产探寻走向以可持续发展为目标的资源合理利用和环境保护方面与生态保护

方面的结合。节能技术及能源高效利用技术越来越受到关注，再生能源占能源比重继续上升。

（五）科技创新的转化和产业化的速度不断加快

原始科学创新、关键技术创新和系统集成的作用日益突出。科技产业化的速度越来越快，过去从一个科学发现，到一项关键技术发明，再到规模的商业化过程，往往要经历半个世纪、几十年，后来到十几年。但是现在一项新技术的出现，尤其是在新兴领域，几个月时间就可走向大规模市场，很快传播到全球。

（六）科学技术呈现群体突破的态势

无论是信息、生物、纳米，还是能源科学、材料科学，都出现了新的同步发展的态势，而且它们之间的创新突破往往互相影响、互相促进。学科交叉融合进一步加快，新学科不断涌现。现在每一项工作都离不开数学家和物理学家的帮助，离不开计算机专家的帮助，离不开仪器、高科技人才的帮助。以纳米科技为例，研制、应用绝不仅仅局限于物质科学，局限于物理和化学，也拓展到生命科学、生态环境、能源等领域。在学科交叉融合已经成为一个大趋势的情况下，科学家不能再局限于本学科领域单纯的研究，必须注重与其他学科领域的科学家共同探讨、共同发展、交叉融合、共同合作。科技与经济、社会、教育、文化的关系日益紧密，国际科技交流与合作越来越广泛。

二、若干领域出现新突破

在信息技术领域，各国在人工智能、量子科学等方面技术进展显著。俄罗斯利用人工智能、机器学习算法帮助物理学家进行质子碎片筛选，以便发现新型基本粒子；日本开发出新型量子保密通信技术，通过光纤链路在 2 分钟内传输数百吉字节的人类基因组数据；丹麦成功使用纠缠量子网络实现高精度分布式传感；中国科学技术大学完成长距离量子纠缠实验，借助两种实验方案分别实现 22 千米和 50 千米的量子纠缠，创长距离量子纠缠新纪录。

在生物技术领域，干细胞、基因编辑、脑机接口等前沿生物技术频现颠覆性突破。日本京都大学利用人诱导多能干细胞制出不受限制、可给任何人输血的血小板；美国哈佛医学院开发出新型 CRISPR/Cas[①]核酸酶，几乎可编辑基因组任何序列；中国北京脑科学与类脑研究中心构建出新型光学脑–脑接口，在两只小鼠

---

① CRISPR 即 clustered regularly interspaced short palindromic repeats，成簇规律间隔短回文重复序列；Cas 即 CRISPR associate system，CRISPR 关联系统。

间实现了高速率的运动信息传递。

在航空航天领域，军用科技的探索应用不断深入，将颠覆现有空战模式。美国国防高级研究计划局（Defense Advanced Research Projects Agency，DARPA）推进"空战演进"项目研究，通过改进算法和作战对抗能力，推进空战系统的智能化发展；美国空军研究实验室计划率先在无人机领域应用神经形态计算技术，提升空中平台的数据处理能力，加快决策速度；美国 SpaceX 公司通过 16 次发射成功将 953 颗"星链"卫星送入轨道，"星链"计划 2019 年至 2024 年间在太空搭建由约 1.2 万颗卫星组成的"星链"网络来提供互联网服务；美国军方则希望借助"星链"星座满足其北极地区通信需求，并将探索该星座的潜在军事应用。

电子商务、远程办公、在线教育、物流自动化等数字业态蓬勃兴起，物联网、分布式云、区块链、人工智能等数字技术创新成为科技发展中的重要"亮点"。全球领先技术咨询公司 Gartner 发布的"2020 年十大战略科技发展趋势"中七项涉及数字技术，包括超自动化、透明度与可追溯性、边缘赋能、分布式云、自动化设备、实用型区块链和人工智能安全。世界经济论坛和《科学美国人》杂志于 2020 年 11 月 10 日共同发布了一份报告——《2020 十大新兴技术》，其中三项涉及了数字技术，包括空间计算、数字医疗、量子传感器等。

第二章　中美创新竞合空前激烈

二战后，美国建立现代科技创新体系，一跃成为科技强国，并保持至今；中国自改革开放以后，科技进步开始加速，逐渐成为新兴的科技大国。

两个国家，一个先行，遥遥领先；一个后发，奋起直追，成为当今世界上重要的两支科技创新力量。在过去 40 余年里，中美科技关系日趋紧密，也日渐复杂，双方既有竞争也有合作，既有沟通也有防范，伴随双边关系变化，科技关系也跌宕起伏，其影响既不局限于科技领域之内，也不局限于两国之间。

自美国前任总统特朗普调整对华战略以来，中美科技关系逐渐从较大的不确定性转变为防范甚至脱钩状态。鉴于科技创新对经济社会发展具有高度战略意义，中美科技关系走向将折射出大国博弈的力量对比，并对全世界产生深远的影响[①]。

第一节　中美科技关系的发展历程

科技是中美建交之后最早开展合作的重要领域。1972 年，尼克松总统访华，开启了中美破冰之旅，双方联合发布《上海公报》，两国关系正常化。此后双方开始探索合作形式，但进展相对缓慢，1979 年邓小平同志访美，双方签署科技合作协定和文化协定，迈出实质性的合作步伐，自此之后中美双边关系开始加速升温。

一、中美科技关系的五个阶段

（一）初期探索阶段（1979～1989 年）

1979 年 1 月 31 日，邓小平在访美期间与美国总统卡特签署了《中美科技合作协定》，这是中美建交后两国签署的首批政府间协定之一[②]，确立了双方科技合作与交流的框架，消除了隔阂，开辟了两国外交中一个非常重要且富有活力的合作领域。根据该协定，双方成立中美科技合作联委会，每两年在两国轮流举行一次

---

① 赵刚：《中美科技关系发展历程及其展望》，《美国研究》，2018 年第 5 期，第 5 页，第 9~25 页。

②《新中国档案：中美科技合作协定》，http://www.gov.cn/govweb/test/2009-10/10/content_1435125.htm，2022 年 12 月 20 日。

会议，旨在规划、指导和协调双边科技合作，在两国科技合作中发挥着重要的引导作用。

从 1979 年到 1989 年的十年间，中美科技关系不断磨合，整体上比较宽松。美国多次调整和放宽了对华出口管制的范围与标准，并在一些具体领域展开了合作，如签署《中美高能物理科技协议》、建设北京正负电子对撞机、签署《关于核安全合作议定书》等。但在 1989 年后，两国关系进入低潮，美国对中国实行更严格的限制措施，双方的科技关系随之回落。

（二）平稳发展阶段（1990～2009 年）

从 20 世纪 90 年代到 2009 年，中美科技关系处于波澜不惊的平稳发展时期，按期举办中美科技合作联委会，讨论科技合作方向。1997 年，双方签署《中美能源和环境合作倡议书》，1998 年就签署《中美和平利用核技术合作协定》《中美城市空气质量监测项目合作意向书》达成一致意见，2006 年举办中美科技政策论坛，2007 年签署《中美 AP1000 核反应堆核安全合作备忘录》，2008 年举办第一届中美环境科技合作研讨会、第二次中美创新大会暨中美创新与产业化大会等。到 2016 年 11 月，双方已连续举办了 16 届中美科技合作联委会。

1990～2009 年，伴随着中美双边关系不断深化，如 1997 年"面向 21 世纪的建设性的战略伙伴关系"、2005 年"负责任的利益攸关者"，中美科技合作逐渐增多，合作范围不断扩大。但总体来看，双方的科技合作层次还不高，科技关系仍不紧密。尤其是随着中国综合国力持续提升，个别尖端科技领域呈中美竞争的态势，引发美国的担忧，2007 年美国商务部正式出台了针对中国的高技术出口管制新政策，并对原《出口管理条例》进行大幅度修改，进一步强化管制。

（三）深度发展阶段（2010～2016 年）

根据第二轮中美战略与经济对话达成的共识，在中美科技合作联委会框架下，两国又设立创新对话机制，以强化双方科技关系。中美创新对话作为中美战略与经济对话的重要先导，既是消除各类摩擦的润滑剂，也是摸索关系走向的探路石，在扩大共识、促进对彼此政策的理解，以及减少分歧、消除双边关系中的不稳定因素这两个方面均发挥了重要的作用。双方派出代表团互访，进行考察与交流，为两国科技关系的巩固和深化做出了突出的贡献。

2010 年 10 月，首届中美创新对话会议在北京召开。截至 2016 年底，中美创新对话已经成功举办了七届，成为两国科技交流的重要桥梁。这一机制促进中美相互了解彼此的创新政策，分享各自的典型实践，共同探讨和解决双方合作中存在的问题和面临的挑战，并为未来合作指出明确方向。中美创新对话以一个机制为基础，衍生出中美联合研究专家平台、中美科技创新园、中美技术转移中心、中美联合研发中心等四大平台，使中美创新对话的内容变得更加丰富和务实，也为持续推动双边关系提供了有效的抓手。

与之前阶段相比，中美科技关系变得更加紧密，但也存在明显的冲突。2016年6月7日，在北京举行的第八轮中美战略与经济对话的媒体吹风会上，时任中国科学技术部（简称科技部）副部长阴和俊对媒体表示，"中美在多层面建立了务实高效稳健的科技合作机制，并在进一步探索新的科技合作模式"[1]。2010～2016年，尽管中国在创新对话中屡次提出抗议，但美国始终没有放松高科技产品的对华出口管制，如奥巴马政府2011年公布的《战略贸易许可例外规定》（Strategic Trade Authorization License Exception，STA）将中国排除在44个可享受贸易便利措施的国家和地区之外。不仅如此，美国还不断挑剔和指责中国所实施的创新政策，采取双重标准。当然，双方也的确推进了一些颇有成效的合作，如2009年中美清洁能源联合研究中心成立之后，两国在清洁煤、清洁能源汽车和建筑节能领域深入开展合作研究，被称为"最成功的国际合作范例之一"。

（四）不确定的新阶段（2017～2018年）

特朗普击败希拉里·克林顿成为美国总统，被认为是一次"黑天鹅事件"，超出了很多人的预期。从上台后的执政风格来看，特朗普在内政外交上提出并实施了许多"非常规"的举措，给美国政府决策和政策带来了极大随意性和混乱。在高技术移民、气候变化和能源政策等方面，特朗普也一改往届政府对科学技术大力支持的立场，这必然影响中美科技关系发展，给中美关系带来很大的不确定性。

在竞选期间，特朗普对中国的态度可谓极为强硬，其上任后，经过海湖庄园会晤、中美全面经济对话，态度有所缓和，但也存在大型洗衣机以及光伏产品调查、"232国家安全调查"和"301调查"等事件，特朗普要求中国减少中美贸易逆差。特朗普积极寻求对华进口商品加征关税，重点关注科技和通信行业，最终在2018年初引爆了美国制裁中兴事件，美国商务部发布公告称，美国政府在未来七年内禁止中兴向美国企业购买敏感产品；经中美高层间的磋商和斡旋，中兴以支付十亿美元罚款，向第三方存管缴纳四亿美元保证金，在一个月内整改高层、董事会为代价，才使美国商务部宣布结束对中兴的商业制裁。

（五）科技脱钩防范竞争阶段（2018年以后）

特朗普和拜登虽然政见不同，且毫不留情地互相攻击，但是他们在"技术竞争"问题上显然是有共识的。可以说，美国已经将中国视为科技领域的最大竞争

① 《科技部副部长阴和俊：中美积极探索科技合作新模式》，http://www.gov.cn/xinwen/2016-06/07/content_5080341.htm，2023年3月3日。

对手，在针对中国扩大"实体清单"、制定中国涉军企业名单、强化对华为制裁、封禁 TikTok 和微信等诸多政策操作的背后，美国确保"技术领导地位"的攻防力度显著增强。

新冠疫情让不断升温的中美"技术竞争"变得更加突出。大西洋理事会高级研究员大卫·布雷（David Bray）等认为，疫情凸显了 5G（5th generation mobile communication technology，第五代移动通信技术）、人工智能等新兴技术的重要作用，当前在人工智能领域美国与中国旗鼓相当，在 5G、量子通信领域中国占优势，在半导体、自动驾驶等领域则是美国领先。后疫情时期，随着更多国家加快数字化转型和生产自动化，他们建议美国进一步强化针对中国的"技术战"。

为应对疫情带来的冲击，中国政府推出以大数据中心、工业互联网等为主要内容的"新基建"计划。美方认为，在与产业发展紧密结合的有利条件下，中国的科技实力将进一步上升，相应在全球科技标准和规则领域的影响力也会更趋增强。

美国保守派智库哈德逊研究所的高级研究员托马斯·杜斯托伯格（Thomas Duesterberg）称，疫情促使中国在主导国际技术标准和规则方面加大努力，未来数年，中国将会利用疫情给欧美企业造成的困境，借助"一带一路"等平台，推广华为公司等中国企业大量掌握的"标准必要专利"（standards-essential patents），进而增强中国对于国际技术标准和规则的主导力。

在战略和国际问题研究中心中国问题专家白明（Jude Blanchette）、高级研究员乔纳森·希尔曼（Jonathan Hillman）看来，疫情使很多国家尤其是"一带一路"沿线国家陷入经济困境，不得不在发展数字基础设施等方面进一步寻求中国的支持，而中国也会通过扩展 5G 建设等方式与美国争夺对"全球技术制高点的控制"。

值得一提的是，一些美方人士试图用意识形态话语为"技术竞争"提供新的叙事逻辑。比如，乔治敦大学学者尼古拉斯·怀特（Nicholas Wright）称，中国在疫情防控过程中大量使用高科技手段，大规模采集和分析私人数据，对特定人群进行定位跟踪，利用 5G 网络、人工智能、北斗卫星导航系统等先进技术加大对社会的监控力度。

再如，美国企业公共政策研究所（American Enterprise Institute for Public Policy Research，AEI）高级研究员布克劳德·巴菲尔德（Claude Barfield）提出，5G 技术变革不仅涉及经济政策挑战，还涉及深层次的技术、战略和安全决策，美国政府需要发挥领导力以建立国际联盟，确保 5G 技术在未来不会成为"全球威权体制的牺牲品"。

在此背景下，特朗普政府加码对华技术封控，从硬件、软件和科技人员交流等方面多管齐下，以所谓"威胁国家安全""侵犯人权"为由，对中国企业和科研机构进行制裁。一方面，美国商务部强化出口管制规定，不断扩大"实体清单"，打压参与军民融合发展战略的中国国有和私营企业。其对华为公司的封杀可谓毫不留情，基本掐断了华为公司从其他国家和渠道获取芯片等先进技术产品的途径。另一方面，在 5G 等被美国视为"必争必赢"的技术领域"点杀"华为，打压中国国内信息与通信技术（information and communications technology，ICT）和研发能力，被认为是确保美国绝对优势的题中之义。

二、科技脱钩的情况

（一）"新型公私伙伴关系"

美国加快构建"新型公私伙伴关系"，注重推动企业和研究机构参与对华技术"脱钩"。不少美国战略界人士提出，企业、高校和科研院所是目前美国对华技术封堵的薄弱环节，需要加大政府部门和这些机构之间的沟通与配合，以便实现对华施压的"全政府"和"全社会"模式的相互对接。

战略和国际问题研究中心高级研究员萨缪尔·布莱南（Samuel Brannen）等建议，美国政府应借鉴"金融服务信息共享和分析中心"（Financial Services Information Sharing and Analysis Center）、全球反恐互联网论坛（Global Internet Forum to Counter Terrorism）等机制的做法和经验，构建美国政府和企业应对美国与中国技术竞争的协调机制，主要是解决两者之间的信息沟通、不信任等问题；此外，还要加大对美国企业、高校和科研机构中相关人员的审查力度，完善保护敏感技术的安全和操作规程，加强对所谓"内部威胁"的应对，如建立研究人员的认证机制并支持研究人员通过"保密报告渠道"揭露内部威胁。

（二）以更大攻势推动"技术竞争"

目前，舆论更多关注的是美国的对华技术封控，即"守"的一面，而对"攻"的一面尚缺乏足够认知。事实上，疫情不仅促使特朗普政府加大了对华封堵，也推动美国为确保长期对华竞争优势，扩大对先进技术及其相关产业的研发投入和战略性布局。

其实在新冠疫情发生后，美国政府已经推出了数万亿美元的经济和财政刺激计划。曾担任小布什政府时期国家安全事务助理的斯蒂芬·哈德利（Stephen Hadley）等认为，美国应借此经济刺激计划应对中国在关键技术领域的挑战，实施"明智的战略性刺激方案"，如增加对美国数字基础设施的投资、大幅扩大联邦政府对技术研发的投入、利用税收减免等推动美国在关键技术领域的研发、支持半导体制造产业、加大对技术教育事业的投入等。

参议院民主党领袖查克·舒默（Chuck Schumer）、共和党参议员托德·扬

（Todd Young）共同提出《无尽前沿法案》（The Endless Frontier Act），要求联邦政府未来五年投入 1000 亿美元，支持 5G、人工智能、先进制造等先进技术领域的研发、商业应用和教育培训，将"国家科学基金"改组为"国家科学和技术基金"，专门增设负责技术的副主任职位和相关部门，并加大其与美国国务院、国防部、商务部、联邦情报机构、高校、企业、地方政府之间的联动。众议员罗康纳（Ro Khanna）和迈克·加拉格（Mike Gallagher）则在众议院提出相同版本的法案。

议员们毫不讳言他们提出上述法案的初衷就是应对与中国之间的技术竞争，以致《科学》杂志资深评论员杰弗瑞·莫维斯（Jeffrey Mervis）戏称这一法案应更名为"保持领先中国法案"。

舒默等议员认为，疫情显示美国和其他国家在科技上的差距正在快速缩小，这将威胁美国的长期健康、经济竞争力和国家安全；如果美国不加大对科技的投入，就会失去针对中国的竞争优势。他们还希望通过这一法案为疫情下的美国创造更多就业岗位。

（三）《无尽前沿法案》

《无尽前沿法案》经过长达一年多的酝酿，相关议员与美国政府部门、高校和科研机构、地方政府、企业等进行了深入的沟通，故而该法案也吸收并反映了美国战略界有关深化对华技术竞争的观点和建言。

《无尽前沿法案》提出的重要政策性概念是"核心技术聚焦领域"（key technology focus area），其涉及以下十个方面：①人工智能和机器学习；②高性能计算、半导体和先进计算机硬件；③量子计算和信息系统；④机器人、自动化和先进制造业；⑤自然的或人为的灾难预防；⑥先进通信技术；⑦生物科技、基因学、人造生物；⑧网络安全、数据存储和数据管理技术；⑨先进能源；⑩材料科学以及与其他核心技术聚焦领域有关的工程学和研究。该法案提出，对于上述内容要在四年后进行评估，结合现实情况对名单进行调整。

该法案的要害之处在于，在加速先进技术向产业的及时转化的同时，促进美国对华产业"脱钩"与技术竞争之间的结合。该法案要求新组建的"国家科学和技术基金"借鉴美国 DARPA 的工作模式，并在未来 5 年内在全美建设 10~15 个"区域技术中心"。该法案还要求，负责技术的副主任每年都要与联邦调查局局长、国家反情报和安全中心主任就如何保护美国的先进技术进行工作交流。

该法案要求，改组后的"国家科学和技术基金"与美国国会各相关委员会保持充分的沟通和协调，包括参议院武装力量委员会，商业、科学和交通委员会，拨款委员会，对外关系委员会，情报特别委员会；以及众议院武装力量委员会，科学、太空和技术委员会，拨款委员会，外交事务委员会，常设情报特别委员会。这些国会机构在很大程度上掌控着美国的"钱袋子"，在推进对华战略竞争方面扮演着重要角色。

　　作为一份跨党提案,《无尽前沿法案》集中体现了美国深化对华"技术竞争"的总体构想和具体举措,得到特朗普政府和众多国会议员的支持。

第二节　中国科技快速发展引发美国的忧虑

一、美国能源部前部长朱棣文:美国科技的卫星时刻

　　当中国的"天河一号 A"超越美国"美洲虎"系统成为全球计算速度最快的超级计算机后,美国《福布斯》杂志便警觉地提醒美国人:"我们该如何同中国这一科技超级大国打交道?"中国对美国的这一超越,也很快被形容为是 1957 年苏联率先发射人造卫星、威胁美国科技霸权的"噩梦重现"。

　　美国能源部前部长朱棣文在一次演讲中做过这样的类比。他说,在全球新能源竞赛中,美国领先优势已不多,必须立即行动,否则就会被中国超过。朱棣文表示,美国正面临又一次"卫星时刻",就像苏联在 1957 年发射人类首颗人造卫星刺激了美国一样,会让美国掀起科研热潮,取得此后数十年的领先。

二、美国前总统奥巴马的诉求

　　奥巴马在多个场合谈及中国的科技成就,并誓言"美国不甘心处于第二名"。他称当拥有超过 10 亿人口的中国融入全球经济时,这意味着全球面临的竞争将更加激烈。对于绝大多数跨国公司开始把新的研发基地建在重视人才培养的中国或印度,奥巴马也很有感触。奥巴马甚至动情地回忆起在白宫与一个华裔小女孩交流的情景。这个小女孩研发出利用光来杀死癌细胞的装置,当奥巴马看到她身后挂着的林肯肖像时,忽生感慨:"美国思想还活着,我们终将好起来。"

　　2010 年奥巴马在一次讲演中用"残酷的现实是,在未来的竞争中美国有落后的危险。"这样的语句提醒美国人,并提到中国在过去一年里修建的高速铁路超过美国在过去 30 年修建的高铁总长。他还一再强调,在新能源技术创新领域,美国正面临来自中国的挑战。

三、中美创新对话的故事

　　中美创新对话会议是根据中美两国元首特别代表在第二轮中美战略与经济对

话下达成的共识,在中美科技合作联委会框架下召开的。自 2010 年起至 2016 年共举办了七届,每年在北京和华盛顿轮流举行。

第三次中美创新对话列入了第四轮中美战略与经济对话的成果单。其机制性安排中包括,在中美创新对话上讨论共同感兴趣的创新议题,包括创新政策的最佳实践、创新绩效的衡量标准、地方和企业层面创新政策与合作等,承诺支持两国科研人员和企业加强跨境研发合作,恪守两国知识产权法律法规。

中美创新对话会议由时任全国政协副主席、科技部部长万钢与美国总统科技助理、白宫科技政策办公室主任约翰·霍尔德伦共同主持,两国政府及产学研各界代表参加。双方就中美创新政策、创新政策最佳实践、产学研创新合作、创新绩效及环境、地方和企业创新合作等议题交换意见。

中国科学技术发展战略研究院研究员赵刚指出:"回顾对话从缘起到议题设置,以及共识文件的反复推敲,双方既有争论又有合作。正是中美双方对中国的创新政策存在分歧,故而开始了对话进程,由于双方的共同努力,实现了从分歧到对话,从对话到合作的科技创新合作新模式。"

自 2016 年美国总统特朗普当选并调整对华战略,随着中美战略和经济对话取消,中美创新对话也没再举办。

第三节 中美贸易战的核心是科技战

一、抢占新一轮科技革命制高点的较量——中美贸易战

美国著名的智库哈德逊研究所发布了一份报告——《美国如何在高科技领域打赢与中国的战争》。报告谈到,中国科技和产业政策及计划都表明中国要在高科技领域与美国展开全面竞争。在美国领导人看来,此举很多方面都与冷战期间美国和苏联争夺全球霸权一样严重。它不是体现在洲际弹道导弹、隐身飞机之类的军事硬件上面,而是体现在民用领域如微处理芯片、超级计算机、量子计算等领域,而这些技术却为世界上最先进的武器系统提供基础。

对于美国来说,无论是否意识到这一点,这都是一场客观存在的斗争。美国政府只有少数人认识到这一点,美国并没有像中国这样认真对待这场高科技之战,既没有投入相当的资源,也没有制定整体战略。

哈德逊研究所报告认为,"从现在开始,美国不能失去这场高科技战争,就像不能失去二战或冷战。美国可以赢得这场高科技战争,但是美国必须从现在开始反击"。

综合以上形势发展，可以得出，中美贸易战的实质是遏制与反遏制，中美贸易战的核心是抢占新一轮科技革命和产业变革的制高点，中美贸易战的特点是长期性、持久性、全面性。

基于以上结论，我们应对中美贸易战需采取如下策略。

（1）保持中美关系的大局稳定，不出现剧烈的冲突或者战争。

（2）积极促进国内改革、发展和稳定。

（3）加大对外开放的力度。

（4）全方位发展和美国各界、各层面、各地区的关系。

（5）依托"一带一路"平台，积极开拓与美国之外的其他国家和地区的合作关系，包括欧洲、日本、韩国、非洲等。

二、《中国制造 2025》

（一）《中国制造 2025》指导思想

全面贯彻党的十八大和十八届二中、三中、四中全会精神，坚持走中国特色新型工业化道路，以促进制造业创新发展为主题，以提质增效为中心，以加快新一代信息技术与制造业深度融合为主线，以推进智能制造为主攻方向，以满足经济社会发展和国防建设对重大技术装备的需求为目标，强化工业基础能力，提高综合集成水平，完善多层次多类型人才培养体系，促进产业转型升级，培育有中国特色的制造文化，实现制造业由大变强的历史跨越。

（二）《中国制造 2025》总体框架

（1）一个战略目标：实现从制造大国向制造强国的历史性跨越。

（2）两化融合：用信息化和工业化深度融合来引领和带动整个制造业发展。

（3）"三步走"战略：用三个十年左右时间实现制造业大国向制造强国的转变。

（三）《中国制造 2025》的四项原则和五条方针

1. 四项原则

（1）市场主导，政府引导。

（2）立足当前，着眼长远。

（3）整体推进，重点突破。

（4）自主发展，开放合作。

2. 五条方针

（1）创新驱动。

（2）质量为先。

（3）绿色发展。

（4）结构优化。

（5）人才为本。

（四）《中国制造2025》五大工程

（1）制造业创新中心（工业技术研究基地）建设工程。

（2）智能制造工程。

（3）工业强基工程。

（4）绿色制造工程。

（5）高端装备创新工程。

（五）《中国制造2025》九大战略任务和重点

（1）提高国家制造业创新能力。

（2）推进信息化与工业化深度融合。

（3）强化工业基础能力。

（4）加强质量品牌建设。

（5）全面推行绿色制造。

（6）大力推动重点领域突破发展。

（7）深入推进制造业结构调整。

（8）积极发展服务型制造和生产性服务业。

（9）提高制造业国际化发展水平。

（六）《中国制造2025》十大重点领域

瞄准新一代信息技术产业、高档数控机床和机器人、航空航天装备、海洋工程装备及高技术船舶、先进轨道交通装备、节能与新能源汽车、电力装备、农机装备、新材料、生物医药及高性能医疗器械等战略重点，引导社会各类资源集聚，推动优势和战略产业快速发展。

三、知识产权的争执

中美围绕知识产权的争议由来已久。比如，1989年，中国被美国列入特别301

条款的"重点观察国家"名单；1991 年，美国政府以中国专利法缺陷为由，对中国发起"301 调查"；2007 年，美国就中国相关知识产权（intellectual property，IP）问题，正式向世界贸易组织的争端解决机构（Dispute Settlement Body，DSB）发起正式磋商。

2017 年 8 月，美国再次对中国发起"301 调查"。中国认为，中国政府已采取了积极、有效的措施，建立了执法体系，在知识产权保护和执法方面取得了巨大的成效。美国认可了中国取得的成就，但仍认为中国知识产权的保护状况不能令人满意。中国政府对专利法的修改以及推出的技术标准制定程序也令外国公司担忧，美国认为中国修改后的专利法可以让中国企业更方便地用国内专利来阻挡外国企业的竞争，而新推出的技术标准制定程序则偏向于国内产品。

四、华为、中兴的被制裁

（一）美国制裁中兴事件回顾

2016 年 3 月 7 日，美国商务部以违反美国相关出口禁令为由，将中兴等四家公司列入美国出口限制名单。

2016 年 3 月 15 日，中兴派遣工作组赴美谈判。

2016 年 3 月 21 日，为缓解中美两国因此事加剧的紧张态势，美国政府计划临时解除对中兴的贸易制裁。

2016 年 6 月 27 日，美国商务部宣布将发给中兴的临时许可的有效期延长至 8 月 30 日。

2017 年 3 月，中兴与美国财政部、商务部和司法部达成和解协议，中兴同意支付约 8.9 亿美元罚金。同时，美国商务部针对中兴的 3 亿美元罚金和为期 7 年的出口禁令被暂缓执行。

2018 年 4 月 16 日晚，美国商务部发布公告称，美国政府在未来 7 年内禁止中兴向美国企业购买敏感产品。

2018 年 6 月 7 日，美国商务部部长罗斯接受采访时表示，美国政府与中兴已经达成协议，只要后者再次缴纳 10 亿美元罚金，并改组董事会，即可解除相关禁令。

2018 年 6 月 19 日，美国参议院以 85∶10 的投票结果通过恢复中兴销售禁令法案。

2018 年 7 月 2 日，美国商务部发布公告，暂时、部分解除对中兴的出口禁售令。

2018 年 7 月 12 日，据美国之音消息，美国商务部表示，美国已经与中兴签署协议，取消近三个月来禁止美国供应商与中兴进行商业往来的禁令，中兴将能够恢复运营，禁令将在中兴向美国支付 4 亿美元保证金之后解除。

（二）美国制裁华为事件回顾

2018 年，以对钢铁、铝制品加征关税为起点，中美贸易战开始，而贸易战的后手是科技战。美国制裁华为时间线梳理如下。

1. 2018 年

2018 年 1 月 9 日，华为失去了 AT&T（American Telephone & Telegraph，美国电话电报公司）的手机订单。

2018 年 2 月 13 日，美国联邦调查局局长 Christopher Wray（克里斯托弗·雷）警告不要买华为手机。

2018 年 3 月 22 日，华为手机失去了零售商百思买的支持。

2018 年 5 月 2 日，美国国防部禁止在美军基地销售华为和中兴手机。

2018 年 6 月 7 日，美国国会呼吁谷歌停止与华为合作。

2018 年 8 月 23 日，澳大利亚以国家安全为由，宣布禁止中国的两家电信公司华为和中兴参与其全国 5G 网络的部署和推广。

2018 年 12 月 5 日，英国运营商 BT（英国电信集团）声称将剔除华为的 4G 设备并且不采购华为的 5G 核心网设备。

2018 年 12 月 7 日，路透社报道日本将停止购买华为和中兴的设备。

2018 年 12 月 1 日，华为董事、CEO（chief executive officer，首席执行官）任正非的女儿孟晚舟在加拿大被捕，2018 年 12 月 12 日，加拿大法院批准孟晚舟 1000 万美元保释，并被迫滞留当地，直至 2021 年 9 月 25 日，孟晚舟乘坐中国政府包机返回祖国此事才告一段落。

2. 2019 年

2019 年 1 月 3 日，一份报告建议特朗普使用行政命令禁止华为和中兴的销售。

2019 年 1 月 4 日，参议员提出了一项两党法案，以解决对华为公司的担忧。

2019 年 1 月 11 日，在波兰，一名华为员工因涉嫌从事间谍活动而被捕。三天后，华为解雇了该员工。

2019 年 1 月 23 日，媒体报道孟晚舟也许会被引渡至美国。

2019 年 1 月 29 日，美国以涉嫌盗窃商业秘密和欺诈为由对华为提出 23 项起诉。

2019 年 2 月 4 日，美国联邦调查局突袭了华为实验室。此外，在检查了工作许可证后，华为公司的两名员工被驱逐出丹麦。

2019 年 2 月 6 日，美国政府敦促欧洲国家不要购买华为的 5G 设备。

2019 年 2 月 21 日，美国国务卿蓬佩奥说使用华为技术的国家对美国构成了风险。

2019 年 2 月 22 日，据报道，意大利政客推动华为 5G 禁令。

2019 年 3 月 1 日，孟晚舟的引渡听证会在加拿大获得批准，美国警告菲律宾不要使用华为 5G 设备。

2019 年 3 月 8 日，华为起诉美国政府对它的设备禁令。

2019 年 3 月 12 日，美国警告德国必须禁用华为，否则将限制与德国的情报分享。

2019 年 3 月 28 日，英国监管机构警告说，华为的产品"显著增加了风险"。

2019 年 4 月 21 日，美国中央情报局说，华为是由中国国家安全部门资助的企业。

2019 年 5 月 2 日，关于华为的消息泄露促使英国国防部部长加文·威廉姆森被解雇。

2019 年 5 月 15 日，特朗普通过一项国家安全命令有效地禁止了华为。

2019 年 5 月 16 日，美国将华为列入实体清单，在未获得美国商务部许可的情况下，美国企业将无法向华为供应产品。实体清单事件对华为打击巨大，比如，华为手机无法使用高通芯片，谷歌停止与华为合作，华为因此失去对安卓系统更新的访问权，只有在开源版更新后才可以 AOSP（Android open source project，Android 开放源代码项目）继续开发新的安卓系统，对于国内用户影响不大，但国际业务大受影响，上年损失超过 100 亿美元。

2019 年 5 月 19 日，谷歌公司将华为手机从安卓升级列表中删去。

2019 年 5 月 20 日，美国商务部向华为颁布了"临时通用许可"，允许华为在 90 天内在有限的范围内继续从美国采购部件及向美国客户提供服务而无须额外申请许可（8 月 19 日将此"临时通用许可"再次延长 90 天）。

2019 年 5 月 22 日，英国芯片设计公司 ARM 暂停与华为及其子公司的"所有在履行合同、授权许可以及任何待定合约"，以遵守美国最近的贸易禁令。

2019 年 5 月 23 日，据报道，美国指责华为在中国关系方面撒谎。

2019 年 5 月 30 日，SD 协会和国际 Wi-Fi 联盟组织恢复华为会员资格。

2019 年 6 月 3 日，学术组织美国电气和电子工程师协会（Institute of Electrical and Electronics Engineers，IEEE）撤销了为期一周的禁止华为科学家审阅技术论文的禁令。

2019 年 6 月 7 日，Facebook 停止让华为预先安装其应用程序，据报道谷歌警告特朗普政府，其华为禁令会造成国家安全风险。

2019 年 6 月 24 日，FCC（Federal Communications Commission，美国联邦通信委员会）专员希望华为从美国网络中脱离，特朗普政府正在考虑要求在中国境外制造 5G 设备。

2019 年 6 月 25 日，据报道，美国公司绕开了特朗普禁止向华为销售产品的禁令，而联邦快递则就转移华为包裹的方案起诉商务部。

2019 年 7 月 1 日，特朗普政府官员表示，放宽对华为的限制仅适用于市场上广泛存在的产品。

2019 年 7 月 16 日，美国两党参议员组织推出了 5G 立法，该立法将使华为列入黑名单。

2019 年 7 月 25 日，据报道，在美国禁令实施后，代工企业伟创力国际有限公司"没收"了价值 1 亿美元的华为产品。

2019 年 8 月 19 日，美国商务部延长了"缓刑期"，允许美国公司与华为合作。

2019 年 9 月 3 日，华为指责美国利用网络攻击和威胁破坏其业务。

2019 年 9 月 9 日，微软总裁布拉德·史密斯（Brad Smith）希望美国政府提供更多证据支持其华为禁令。美国检察官指控一名中国教授欺诈，罪名是涉嫌为华为的利益而购买加利福尼亚公司的技术。

2019 年 10 月 28 日，FCC 表示，将切断使用华为和中兴设备的无线运营商的资金支持。

2019 年 11 月 8 日，特朗普的科技负责人抨击各国向华为"张开双臂"。

2019 年 11 月 22 日，FCC 禁止华为和中兴获得联邦补贴，而参议员希望特朗普停止允许美国公司向华为出售许可证。

2019 年 12 月 17 日，华为将在 2020 年 3 月推出不带谷歌服务的 P40 Pro，西班牙电信称将大幅减少华为 5G 核心网络的设备使用。

3. 2020 年

2020 年 1 月 9 日，参议员汤姆·科顿（Tom Cotton）宣布一项法案，禁止美国与使用华为 5G 技术的国家共享情报。

2020 年 1 月 14 日，美国敦促英国官员阻止华为进入其 5G 网络，美国参议员提议在 5G 补贴中提供超过 10 亿美元的资金，以抵消华为的主导地位。

2020 年 1 月 30 日，澳大利亚政界人士驳回了重新讨论华为 5G 禁令的说法。

2020 年 2 月 7 日，美国司法部部长威廉·巴尔（William Barr）建议美国对爱立信或诺基亚持有"控股权"，以对付华为。

2020 年 2 月 11 日，外媒报道，美国政府称"发现华为可以在全球范围内通过后门访问移动网络"。

2020 年 2 月 13 日，美国司法部指控华为进行敲诈勒索，盗窃商业秘密。

2020 年 5 月 15 日，美国商务部工业与安全局官方连发两条关于华为的消息：一是宣布实体名单上的华为技术有限公司及其非美国分支机构的现有临时通用许可证授权期限延长 90 天；二是将严格限制华为使用美国的技术、软件设计和制造半导体芯片。

2020 年 8 月 17 日，美国商务部工业和安全局发布了对华为的修订版禁令，这次禁令进一步限制华为使用美国技术和软件生产的产品，并在实体列表中增加 38 个华为子公司。

2020 年美国对华为制裁政策比之前更进一步，按 2019 年的政策，如果美国制造的组件占总价值的 25%以上，才要求获得许可或阻止出口；而按 2020 年的政策，无论是使用了美国零件的产品，还是使用具有美国技术的生产设备所生产的产品都会受到管制，力度陡增。

（三）华为和中兴被制裁事件背后的逻辑

（1）毫无疑问，中国的技术攻势对美国构成了前所未有的挑战。

（2）5G 技术处于正在形成的未来技术和工业世界的中心，到 2025 年，以 5G 为动力的工业互联网可能创造 23 万亿美元的新经济机会。

（3）中国已经抢滩，现在 5G 领域处于领先地位。华为现在是除北美洲以外所有大陆的领先供应商，而美国没有设备供应商。

（4）未来 5 年内，5G 全球版图和应用主导地位格局将形成。5G 依赖于一系列技术，包括半导体、光纤、稀土和材料，这些基础技术中国已经全部国产化。

（5）中国领先会让美国失去制裁的权力。地缘、人口、能源这些因素已经不能完全决定一个国家的未来，科技的主导地位前所未有地上升，面对 5G、6G 这些近在眼前的巨变，美国肯定不会掉以轻心。

第三章 科技发展对国际格局正在产生重大的影响

第一节 当前的国际科技格局

一、研发投入

科技是第一生产力，大多数国家都非常重视对科研的经费投入。根据经济合作与发展组织（Organization for Economic Co-operation and Development，OECD）公布的数据，从各经济体具体研发支出来看，美国持续位居全球第一，2019 年约6327 亿美元，中国以约 5148 亿美元稳居第二（表 3-1）。

表 3-1　2019 年研发投入排名前 10 的经济体

排名	经济体	研发投入/万美元
1	美国	63 265 462.070
2	中国	51 479 765.690
3	日本	17 183 990.820
4	德国	13 196 943.390
5	韩国	9 997 092.085
6	法国	6 392 260.551
7	英国	5 151 905.448
8	中国台湾地区	4 304 356.634
9	俄罗斯	3 920 126.397
10	意大利	3 421 297.181

二、科技人力资源

中央多次强调，发展是第一要务，人才是第一资源，创新是第一动力。科技人才是科技创新的核心，是推动国家科技事业发展最重要的战略资源，也是提升国家竞争力的关键因素。

科技人力资源的储备是国家科学技术发展的最基本条件。目前，中国科技人力资源总量比较宏大，质量不断提升，工科专业背景人才比例较高是我国科技人力资源一大特色，但与其他发达国家相比，我国在科技人才队伍的素质方面仍有较大差距。

科技人力资源反映了一个国家或地区科技人力储备水平和供给能力，包括实际从事科技相关职业的科技工作者，也包括接受过自然科学相关专业的高等教育，具备了"资格"的部分劳动力。科技人力资源包括以下几种职业类型：①专业技术人员；②研发人员；③高等学校专任教师。

从各国从事研发活动人员的总量来看，中国优势明显，占据绝对领先位置，2015 年中国从事研发活动的人员数量达到 375.9 万人年，连续 9 年居世界首位，约占全球研发人员总量的 31.1%，研发人员远超日本、俄罗斯、法国、韩国等国家从事研发活动人员数量（表 3-2）。

表 3-2　部分国家研发活动人员数量

排名	国家	研发活动人员/万人年	每万名就业人员中从事研发活动人员数量/人年
1	中国	375.9	49
2	日本	89.5	137
3	俄罗斯	82.9	116
4	法国	42.3	155
5	韩国	43.1	168
6	英国	38.8	126
7	意大利	25.3	104
8	加拿大	24.6	101
9	澳大利亚	14.8	132
10	瑞典	8.4	176
11	比利时	6.9	151
12	奥地利	6.8	160
13	捷克	6.4	126
14	丹麦	5.9	212

资料来源：《中国科技统计年鉴 2016》，中国为 2015 年数据，澳大利亚为 2010 年数据，加拿大为 2013 年数据，其他国家为 2014 年数据

从密度指标来看，我国每万名就业人员中从事研发活动人员数量与主要发达国家相比差距明显。丹麦、瑞典、韩国和奥地利的优势明显，每万名就业人员中从事研发活动人员分别为212人年、176人年、168人年和160人年，中国仅为49人年；在研究人员占就业人员的密度方面，中国与发达国家相比差距更大，截至2015年，中国每千名就业人员中研究人员一直在2人年以下，2015年为1.9人年，与韩国的13.2人年相比，还不到其1/6。美国、德国、法国、英国、澳大利亚、瑞士、荷兰与英国每千名就业人员中研究人员保持在8～9人年，俄罗斯为6人年左右。

三、大学

THE世界大学排名是由英国《泰晤士高等教育》(*Times Higher Education*)参照汤姆森路透社(Thomson Reuters)数据库，独立设定指标排列发布的年度前500名世界大学排行榜。英国《泰晤士高等教育》是独立于英国《泰晤士报》(*The Times*)的一家刊物。

根据2022年排名，前20名中，有12所来自美国，4所来自英国，1所来自瑞士，1所来自加拿大。中国北京大学和清华大学并列位于第16位（表3-3）。

表3-3　2022年THE世界大学排名

排名	大学	国家
1	牛津大学（University of Oxford）	英国
2	加州理工学院（California Institute of Technology）	美国
2	哈佛大学（Harvard University）	美国
4	斯坦福大学（Stanford University）	美国
5	剑桥大学（University of Cambridge）	英国
5	麻省理工学院（Massachusetts Institute of Technology）	美国
7	普林斯顿大学（Princeton University）	美国
8	加州大学伯克利分校（University of California, Berkeley）	美国
9	耶鲁大学（Yale University）	美国
10	芝加哥大学（The University of Chicago）	美国
11	纽约市哥伦比亚大学（Columbia University in the City of New York）	美国
12	帝国理工学院（Imperial College London）	英国
13	约翰斯·霍普金斯大学（Johns Hopkins University）	美国
13	宾夕法尼亚大学（University of Pennsylvania）	美国

排名	大学	国家
15	苏黎世联邦理工学院（Swiss Federal Institute of Technology in Zuric）	瑞士
16	北京大学（Peking University）	中国
16	清华大学（Tsinghua University）	中国
18	多伦多大学（University of Toronto）	加拿大
18	伦敦大学学院（University College London）	英国
20	加利福尼亚大学洛杉矶分校（University of California，Los Angeles）	美国

四、诺贝尔奖获得者

如果将2007～2016年诺贝尔奖获得者（不计诺贝尔文学奖与诺贝尔和平奖）的出生国籍与获奖时工作单位国籍人数做一个对比，我们会有以下发现。

美国：获奖者出生时为美国籍者34人，获奖时为美国籍者为54人，多出的20人来自日本、德国、中国、加拿大、俄罗斯、以色列等国。

日本：获奖者出生时为日本籍者12人，获奖时为日本籍者为8人。

英国：获奖者出生时为英国籍者11人，获奖时为英国籍者仍为11人。注意：有出生时为英国籍的获奖者成了美国人，但也有出生时为美国籍的获奖者成了英国人，此外还有出生时是俄罗斯籍的获奖者成了英国人。

法国：获奖者出生时为法国籍者5人，获奖时为法国籍者为7人，因为有出生时为其他国籍的获奖者加入了法国籍。

德国：获奖者出生时为德国籍者3人，获奖时为德国籍者为4人，因为有出生时为其他国籍的获奖者加入了德国籍。

加拿大：获奖者出生时为加拿大籍者3人，获奖时为加拿大籍者为1人，因为有2位出生时为加拿大籍的获奖者加入了美国籍。

俄罗斯：获奖者出生时为俄罗斯籍者3人，获奖时为俄罗斯籍者为0人，因为出生时为俄罗斯籍的获奖者加入了美国籍和英国籍。

以色列：获奖者出生时为以色列籍者4人，获奖时为以色列籍者为2人，因为出生时为以色列籍的2位获奖者加入了美国籍。

中国：获奖者出生时为中国籍者2.5人，获奖时为中国籍者为1.5人，因为出生时为中国籍的1位获奖者加入了美国籍。

其他国家：获奖者出生时为其他国家国籍者17.5人，获奖时为其他国籍者为5.5人，因为出生时为其他国籍的12位获奖者分别加入了美国、英国、法国、德国国籍。

五、知识产权

2019 年 10 月 16 日，世界知识产权组织（World Intellectual Property Organization，WIPO）发布《2019 年度世界知识产权指标》，2018 年全球创新者共提交了约 330 万件专利申请，比 2013 年增长 5.2%。

中国专利申请是全球专利增长强劲的首要推动因素，2018 年中国专利申请数量比 2017 年增加约 160 400 件。第二大贡献者是欧洲（增长 7812 件），第三大贡献者和第四大贡献者分别是韩国（增长 5217 件）和印度（增长 3473 件）。

在 2018 年全球提交的 330 万份申请中，居民申请人提交了 240 万份申请，占申请总量的 72.7%，非居民申请人提交了 90 万份申请，占 27.3%，居民申请人所占份额在 2004 年为 61.6%。此外，各国之间居民和非居民申请的比例差异很大，例如，在美国提交的所有申请中，有超过一半为非居民申请，而中国非居民申请的份额不到 1/10。

六、科研论文

根据中国科学技术信息研究所发布的 2019 年度中国科技论文统计结果，2018 年中国卓越科技论文共计 31.59 万篇，比 2017 年增加 12.4%。临床医学、化学、生物学、电子、通信与自动控制领域的卓越论文数量最多，上海交通大学、北京大学、浙江大学、清华大学成为卓越论文高产机构。

2009～2019 年被引用次数处于各学科世界前 1% 的论文称为高被引论文；近 2 年间发表的论文在最近两个月得到大量引用，且被引用次数进入本学科前 1‰ 的论文称为热点论文。2019 年，中国科技论文中的高被引论文和热点论文均比上一年度上升一位，位列世界第二。

另外，中国科技论文还存在如下几个方面的表现：各学科最具影响力期刊的论文数量排名世界第二；国际顶尖期刊论文数量排名世界第四；国际论文被引用次数排名世界第二。

七、科学前沿

中国科学院文献情报中心和汤森路透知识产权与科技事业部共同发布《2019 研究前沿》报告，甄选出了 2019 年的 100 个热点研究前沿和 37 个新兴研究前沿，较为客观地反映了相关学科的发展趋势。

该报告显示，2019 年，在十大学科领域整体国家研究前沿热度指数排名中，美国最为活跃，位居全球首位。中国位居第二，英国、德国和法国分别位居第三、第四和第五。中国和美国之间的差距正在进一步缩小。

从 2019 年研究前沿热度指数排名第一的前沿数来看，美国排名第一的前沿有 80 个，占全部 137 个前沿的 58.39%，中国排名第一的前沿数为 33 个，占 24.09%。英国有 7 个前沿排名第一，德国和法国分别有 1 个前沿排名第一。

从十大领域来看，中国在化学与材料科学领域，数学、计算机科学与工学领域以及生态与环境科学领域这三个领域排名第一，在农业、植物学和动物学领域，地球科学领域，生物科学领域，物理学领域，经济学、心理学及其他社会科学领域等五个领域排名第二，整体表现突出，但在临床医学领域和天文学与天体物理领域仅分别排名第九和第十一，与美国差距悬殊，短板依旧明显。总体来看，中国多领域表现突出，但十大学科领域的发展仍不均衡，存在明显的洼地，未来发展的竞争优势、压力和挑战并存。

八、经济体创新能力排名

世界知识产权组织于 2021 年 9 月 20 日在日内瓦发布的《2021 年全球创新指数报告》显示，中国排名第 12 位，较 2020 年上升 2 位。

该报告从创新投入、创新产出两个方面，通过政策环境、人力资本与研究、基础设施、市场成熟度、商业成熟度、知识与技术产出、创意产出等七大类 81 项指标，对全球 132 个经济体的综合创新能力进行系统衡量。2021 年全球创新指数排名见表 3-4。

表 3-4　2021 年全球创新指数排名

排名	经济体	分数
1	瑞士	65.5
2	瑞典	63.1
3	美国	61.3
4	英国	59.8
5	韩国	59.3
6	荷兰	58.6
7	芬兰	58.4
8	新加坡	57.8
9	丹麦	57.3

续表

排名	经济体	分数
10	德国	57.3
11	法国	55.0
12	中国	54.8
13	日本	54.5
14	中国香港	53.7
15	以色列	53.4
16	加拿大	53.1
17	冰岛	51.8
18	奥地利	50.9
19	爱尔兰	50.7
20	挪威	50.4

资料来源：https://www.163.com/dy/article/GKTSCRD50511B355.html[2023-03-04]

　　瑞士连续第 11 年位居榜首，瑞典、美国、英国、韩国分列第 2 位至第 5 位；中国位列第 12 位，中国自 2013 年起，全球创新指数排名连续 9 年稳步上升，上升势头强劲。

　　从创新产出看，中国的优势集中在无形资产、知识的创造、知识的影响。其中，本国人专利、商标申请，创意产品出口在贸易总额中的占比等细分指标均实现全球领先。2021 年，知识传播这一大类指标进步明显，特别是知识产权收入在贸易总额中的占比这一细分指标持续进步，表明中国正逐步从知识产权引进大国向知识产权创造大国转变。

九、国际人才竞争力

　　由欧洲工商管理学院（Institut Européen d'Administration des Affairesingapore，INSEAD）和美国研究机构波图兰研究所（Portulans Institute）联合发布的《2021年全球人才竞争力指数》（The Global Talent Competitiveness Index 2021）报告显示，在人才竞争力方面，瑞士、新加坡和美国继续傲居榜首。2021 年全球人才竞争力指数前 20 位见表 3-5。2021 年全球人才竞争力指数排名：中国跻身前 40；瑞士、新加坡、美国居前三。

表 3-5　2021 年全球人才竞争力指数前 20 位

排名	经济体	所在地区
1	瑞士	欧洲
2	新加坡	亚洲
3	美国	北美洲
4	丹麦	欧洲
5	瑞典	欧洲
6	荷兰	欧洲
7	芬兰	欧洲
8	卢森堡	欧洲
9	挪威	欧洲
10	冰岛	欧洲
11	澳大利亚	大洋洲
12	英国	欧洲
13	加拿大	北美洲
14	德国	欧洲
15	新西兰	大洋洲
16	爱尔兰	欧洲
17	比利时	欧洲
18	奥地利	欧洲
19	法国	欧洲
20	日本	亚洲

资料来源：https://baijiahao.baidu.com/s?id=1714051210972995245&wfr=spider&for=pc[2023-03-04]

在排行榜中，欧洲国家占据主导地位，前 25 位中，有 17 个来自欧洲。特别值得一提的是，法国（第 19 位）首次跻身前 20，取得了历史以来的最高排名。

与前几年一样，较高的排名与较高的收入水平相关。发达国家提高人才竞争力的政策和做法不太容易受到政治与社会经济波动的影响，这些国家在投资终身学习、加强技能、吸引和留住全球人才方面表现稳定。

第二节　全球竞争对科技发展的影响

一、经济全球化引发了研发全球化

在经济全球化不断加深的背景下，科研活动也出现了日益明显的全球化趋势。

对企业而言，跨国公司从事全球化研发的目的是利益最大化，这和跨国公司对外转移零部件生产或制造环节、构建全球生产制造体系的本质是一样的。有些情况下跨国公司组织全球化研发是为使产品适应东道国市场，更多的情况是跨国公司在经济全球化条件下，基于比较优势，以降低研发成本、增加企业利润为目的，对外转移部分研发环节。而研发外包既可以通过跨国公司在东道国设立研发子公司完成，也可以通过外包给东道国本土的研发机构完成。

对一个国家而言，尤其对大国而言，科技水平、创新能力等对长期经济增长和国际地位有重要的战略意义。因此从国家进行研发角度看，不但要求本国拥有研发成果，而且要求本国拥有研发能力，即自主创新能力。

在研发全球化出现之前，一国的研发能力和研发成果是不可分割的，一国只能依靠本国资源进行研发，在本国的研发实践过程中既获得研发成果，也提升研发能力。但在研发全球化出现之后，一国的研发能力和研发成果是可以分割的。

二、发达国家在产业国际分工中继续逐鹿高端

无论在国际直接投资还是采购关系构建模式下，发达国家的跨国公司都扮演着重要角色，这也决定了发达国家长期主导国际产业分工。2015 年 3 月的联合国贸易和发展会议提出，约占全球贸易 80%的全球价值链模式由跨国公司的投资决定所塑造。

2009 年中国制造业规模首次超过美国，更被誉为新一代的"世界工厂"。以富足、廉价的劳动力优势与国际产业转移有机融合，成为全球重要的制造业基地，成为国际产业分工体系的重要参与者。但是中国研发、创新能力不足，在国际产业分工格局中受制于人[①]。

中国制造在国际分工中所处的被动局面具体表现在以下方面：第一，企业缺乏对产业链的控制力，缺少话语权。中国制造产业的关键设备、核心零部件对外依存度高，达到 60%左右。例如，涉及高科技产业的航空发动机被美国、德国、日本、瑞典四大轴承巨头垄断。第二，产业附加值低，在国际产业分工格局中不

---

① 李瑞峰：《国际产业分工格局新趋势及我国应对策略》，《对外经贸实务》，2016 年第 2 期，第 9~12 页。

具有竞争力，也难以分享到全球化的利益。在参与国际产业分工中，利用原材料、劳动力、消费市场等相对优势获得了令世人瞩目的经济增速，同时，也付出了巨大的资源、能源与环境代价。据世界银行统计，美国、日本、德国等高收入国家的金属密集度已稳步下降，环境、空气质量得到有效控制；而中国却截然不同，2015 年金属密集度已达到高收入国家的 7.5 倍，其他发展中国家的 4 倍，环境治理迫在眉睫。

三、技术标准国际化成为争夺全球市场的重要手段

纵观工业化发展过程，其实质是技术创新的过程，技术创新进程和水平决定着国力和竞争力的高低。谁在技术创新方面居国际领先地位，谁就在国际市场上起执牛耳的作用。例如，世界经济发展过程中，日本曾一度超过了美国，后因技术创新达不到国际化水平又落后于美国。再如，世界贸易组织制定的关于非关税壁垒的多边协议，基本都是由发达国家提出来，而发展中国家由于技术和管理水平落后，提出的技术体系因水平低无法实现国际化，在国际贸易中只能被动地接受由发达国家提出的种种技术标准[①]。

技术标准已成为发达国家保护自己市场，抢占别人市场，获取最大经济利益的利器。

中国要在国际市场上取得竞争优势，必须掌握制定国际标准的主导权，使标准更能体现我国产品的技术水平和特色，并通过标准提高国际市场的进入门槛从而获得竞争优势。

中国标准是中国企业执行的标准，若能实现中国标准国际化，那么中国企业进入国际市场就不需要进行更多的工作，可直接走出国门参与国际竞争，否则将花大量的精力按国际标准重新设计，并组织生产产品，还需要进行大量的国际试验认证工作。另外由于各国的政策法规标准不同，打开国际市场将困难重重。

四、技术遏制型并购成为发达国家保持竞争优势的新途径

传统上，有些跨国公司为了获取新技术或为了强化现有技术采取并购策略。常见的有以下几种。

企业为了突破技术壁垒进入新的发展领域：如 1995 年 6 月，拜尔以 4.68 亿马克的价格收购了 Florasynth 香水集团，从而将业务范围拓展到化妆品这一技术含量

---

① 孙毅：《技术标准国际化——新兴工业化道路的必然选择》，《山东经济》，2004 年第 5 期，第 38~40 页。

大、附加值高的新领域。美国第二大化学公司——陶氏化学公司以 55 亿美元兼并马里恩实验室，从而获得该实验室生产特种医药的专利权，进入了生物工程高科技领域。

企业为了整合相关的技术实现新的技术突破：如微软公司为了充分利用其软件开发能力，1998 年收购一家电话公司——奎斯特公司的股票，使电脑技术、软件开发和电话网络经营融合起来，进入具有广阔前景的网络电话和网络服务领域。

企业通过并购获取竞争对手或者专业研发机构的技术力量：如 1995 年赫斯特以 71 亿美元收购了道化学的马乐道尔公司。通过这次兼并，一大批专利产品和关键技术一举并入赫斯特，大大增强了赫斯特的科研实力。

目前，发达国家企业正大举并购发展潜力较大的优秀企业。这是跨国公司一项战略性的重大举措，而且来势很猛。其基本要求就是必须绝对控股，必须是行业龙头企业，预期收益必须超过 15%。一些跨国公司认为，现在是收购中国企业的最好时机，收购价格正像中国的劳动力一样，比欧美国家低得太多；还可以利用中国企业原有的销售网络、原材料和能源供给渠道以及品牌，再加上外商的资本和技术，逐步实现垄断中国市场的目标。

发达国家企业和机构的融资实力是其在进行并购时处于优势地位，进而采取限制竞争行为的最便利迅捷的武器。利用资本运营方式并购后，可快速削弱市场上的竞争，为垄断提供充分的条件。

目前，跨国公司垄断了世界上 70%的技术转让和 80%的新技术、新工艺，国内企业与跨国公司之间存在着巨大的技术差距。跨国公司凭着对先进技术的控制，在以中国为代表的新兴市场获取了巨额的垄断利润。

为了不断强化其技术控制，跨国公司越来越注重利用各种资源，通过大量招聘科技人才，并购科研机构，以保持其技术优势，构筑技术壁垒，谋求维持其市场优势地位。

第三节　一个国家的科技水平决定其在国际舞台上的地位

一、科技上升为国家外交的重要议题

当前国际舞台上热衷于将科技作为外交议题的是美国、英国、日本等发达国家。

二战以来，科技外交作为传统外交之外的"第二轨外交"和国家软实力（soft

power of the nation）的重要体现，在美国、欧洲等传统科技大国主导的战后国际体系重建过程中发挥了重要作用。尽管美国自特朗普总统上任以来实施"美国优先"战略，大幅提高科技在外交领域的热度，尤其对中国采取科技封锁政策。

日本作为战败国，在传统外交领域受到种种掣肘的情况下，以雄厚的科技和经济实力为依托成为国际科技外交舞台上的重要力量。日本内阁科技政策理事会发布的关于科技外交的政策报告认为，科技和外交的融合发展对于日本国家利益最大化具有重要作用，提出既要通过科技支撑服务外交战略，也要通过外交促进国际科技合作和科技发展，并以此途径提升日本的国际影响和国际形象。

近年来，中国、韩国、印度、巴西等新兴经济体科技和经济实力日益增强，在全球性科技议题、国际科技组织、国际科技援助、双边和多边科技合作等领域的作用日益突出，加速了国际科技治理体系的调整乃至重构。

二、科技在国家软实力中的影响日益加大

国家软实力实际上是一个国家的文化实力，它是一国综合国力的重要体现。

20 世纪 90 年代初，美国人约瑟夫·奈提出了软实力的概念，认为软实力即国家的文化力量，包括：对他国产生的文化吸引力；本国的政治价值观；具有合法性的和道德威信的外交政策。

一个国家的软实力主要来自一国的经济、科技、军事等方面的力量和影响力。在现代社会，文化软实力的提升离不开科技进步、科技创新，更离不开文化与科技的深度融合，文化自信越来越倚重科学自信。

科学技术既是硬实力也是软实力。科技的硬实力体现为科学技术的实力及科技作为第一生产力转换为经济、军事等的实力。一个国家具有领先的科技实力，那么，其科技实力就会促进该国文化软实力的提升。拥有先进科技的国家，往往能够对其他国家产生极强的吸引力和诱惑力。

科技的软实力多体现为其知识属性，是通过自身强大的吸引力而非强制性手段来达到一定的凝聚力和号召力的能力。科技丰富了人类的知识宝库，提高了人类先进文化的水平和高度，极大提高了人类认识自然和改造自然的能力。科学知识的普及、科学思想的传播、科学精神的弘扬、科学方法的推广及科技创新成果的应用，对文化软实力的提升产生了积极且重要的影响。科技所体现的知识属性是软实力的核心支柱。科技从器物层次到制度层次再到精神层次，逐渐渗入文化之中，从而形成强韧的吸引力，成为文化软实力的支柱。

三、以抢占军事制高点为核心的"三深"战略加速实施

深地、深空和深海将成为军事革命的新高地,未来"三深"互为依托、一体融合必将对未来作战产生深远影响。

三深是未来战争的主导空间,世界各军事强国都在加强三深领域建设,以期在未来深空博弈中占得先机和优势。2018 年 2 月 7 日,美国私人宇航公司 SpaceX 成功发射超级重型运载火箭——"猎鹰重型",令人类登陆火星的梦想照进现实。

美军已在大西洋海底展开了深海基地的建设,俄军在北冰洋海底也动作频频,日本以深海基地为依托布设海底探测网,为深海态势感知创造了条件。水下高新技术装备的发展,为深海闪击战提供了强大的机动力和打击力。随着水下无人与智能化装备、隐形技术以及新概念武器的发展,未来在深海部署水下隐形航母、隐形无人机、隐形潜艇、隐形机器人部队、海基激光炮、潜射巡航导弹和反卫星导弹等新一代高技术隐形无人兵器,将会极大改变传统作战方式。美国海军已经开始将仿生、深海预置等新技术广泛应用于水下无人作战平台,在深海部署水下隐形潜艇、隐形深水炸弹、隐形机器人、海基激光炮、潜射巡航导弹和反卫星导弹等新一代隐形无人兵器,从深海空间突然摧毁地面和空中的关键作战目标、局部遮断敌战斗机编队、准确击落外层空间轨道卫星、瘫痪信息传输网络等,以达成全域打击的效果,将成为夺取未来作战主动权的重要手段。

2016 年,国土资源部(2018 年后并入自然资源部)公布的《国土资源"十三五"科技创新发展规划》明确了深空对地观测是其"三深"战略之一。另外两个战略是深海探测和深地探测。这些战略旨在帮助保障中国的资源需求。

根据国家航天局发布的中国深空探测任务规划,2025 年前后探月工程四期将完成月球科研站基本型建设,后续还将开展火星采样及其他行星探测,中国航天探索将迈向更远深空。

在深地探测方面,2018 年 6 月 2 日,"地壳一号"以钻井深 7018 米的成绩创下了亚洲国家大陆科学钻井的新纪录,标志着中国成为继俄罗斯和德国之后,世界上第三个拥有实施万米大陆钻探计划专用装备和相关技术的国家。

在深海探测方面,2012 年"蛟龙"号载人深潜器创造下潜至 7062 米深度的纪录。2020 年载人潜水器"奋斗者"号创下深潜 10 909 米新纪录。

四、"三低"新模式引领当前经济社会发展

三低经济发展模式是以低能耗、低污染、低排放为基础的经济模式,是人类社会继农业文明、工业文明之后的又一次重大进步。

低碳经济的实质是能源高效利用、清洁能源开发、追求绿色 GDP，核心是能源技术和减排技术创新、产业结构和制度创新，以及人类生存发展观念的根本性转变。

随着全球人口和经济规模的不断增长，能源使用带来的环境问题及其诱因不断地为人们所认识，不只是烟雾、光化学烟雾和酸雨等的危害，大气中二氧化碳浓度升高带来的全球气候变化已被确认为不争的事实。在此背景下，"低碳经济""低碳技术""低碳社会"等一系列新概念、新政策应运而生。

能源与经济乃至价值观大变革的结果，可能将为逐步迈向生态文明走出一条新路，即摒弃 20 世纪的传统增长模式，直接应用新世纪的创新技术与创新机制，通过低碳经济模式与低碳生活方式，实现社会可持续发展。

第四节　中国科学家影响力不断提升

一、屠呦呦获得 2015 年诺贝尔生理学或医学奖

2015 年 10 月 5 日，瑞典卡罗琳医学院在斯德哥尔摩宣布，将 2015 年诺贝尔生理学或医学奖授予中国女药学家屠呦呦，以及另外两名科学家威廉·坎贝尔和大村智，表彰他们在寄生虫疾病治疗研究方面取得的成就。

2015 年诺贝尔生理学或医学奖奖金共 800 万瑞典克朗（约合 92 万美元），屠呦呦将获得奖金的一半，另外两名科学家将共享奖金的另一半。

屠呦呦因开创性地从中草药中分离出青蒿素应用于疟疾治疗获得诺贝尔奖，是中国科学家在中国本土进行的科学研究首次获诺贝尔科学奖，是中国医学界迄今为止获得的最高奖项，也是中医药成果获得的最高奖项。获奖本身意义很大，是中国科学界的骄傲。更重要的是，这是中国科技走向世界的新开端，相信今后会有更多成就被世界认可。

就像国务院总理李克强在 2015 年 10 月 5 日的贺信中说，"屠呦呦获得诺贝尔生理学或医学奖，是中国科技繁荣进步的体现，是中医药对人类健康事业作出巨大贡献的体现，充分展现了我国综合国力和国际影响力的不断提升"，并鼓励广大科研人员"瞄准科技前沿，奋力攻克难题"[1]。

---

① 《李克强致信国家中医药管理局祝贺屠呦呦获得 2015 年诺贝尔生理学或医学奖》，http://www.gov.cn/guowuyuan/2015-10/06/content_2942857.htm，2022 年 12 月 20 日。

二、王贻芳获 2016 年基础物理学突破奖

美国旧金山时间 2016 年 11 月 8 日下午 7 时，2016 年科学突破奖（Breakthrough Prizes）在加利福尼亚州硅谷美国航空航天局（National Aeronautics and Space Administration，NASA）艾姆斯研究中心揭晓。中国科学院高能物理研究所王贻芳研究员、美国劳伦斯伯克利国家实验室陆锦标教授及大亚湾中微子实验团队获基础物理学突破奖。这是中国科学家和以中国科学家为主的实验团队首次获得该奖项。

基础物理学突破奖由俄罗斯商人尤里·米尔纳于 2012 年 7 月设立。与著名的诺贝尔物理学奖不同，基础物理学突破奖并不特别要求对理论进行实验求证，更注重奖励那些对物理学进步有推动作用的发现和预言。

中国科学家王贻芳作为大亚湾中微子项目的首席科学家获得基础物理学突破奖，这也是中国科学家首次获得该奖项。另有两名华人科学家傅亮、祁晓亮获得物理学新视野奖。

大亚湾中微子项目的主要合作方中国、美国曾在实验方案上出现分歧，王贻芳和十余位具有国际影响力的美国高能物理学家进行激烈辩论，帮中方赢得了主导权。这也让国际同行见识到了他对"科学无国界，但科学家有国界"这句话的"疯狂"实践。他坚信自己的方案最正确，也绝对不做把方案让给对方的事。

三、潘建伟团队量子研究再获突破

2015 年 12 月 11 日，欧洲物理学会新闻网站"物理世界"公布了 2015 年度国际物理学领域的十项重大突破。中国科学技术大学教授潘建伟、陆朝阳等完成的"多自由度量子隐形传态"研究成果名列榜首。

欧洲物理学会"物理世界"网站每年年底会组织评选出十项在世界范围内引起轰动的物理学成果。

潘建伟研究团队在国际上首次成功实现了"多自由度量子体系的隐形传态"，这项工作打破了国际学术界从 1997 年以来只能传输基本粒子单一自由度的局限，为发展可扩展的量子计算和量子网络技术奠定了坚实的基础。

2015 年 2 月 26 日，《自然》杂志发表封面文章，介绍了中国科技大学潘建伟项目组的"多自由度量子体系的隐形传态"研究。通俗地说，这一技术可以让科学家在异地瞬间获知粒子状态，从而开启了瞬间传输技术的大门。

科学家早就发现，处于特定系统中的两个或多个量子，即使相距遥远也总是呈现出相同的状态，当其中一个量子状态改变时，其他量子也会随之改变。这就

是被爱因斯坦称为"鬼魅般的超距作用"的量子纠缠，即相距遥远的两个量子所呈现出的关联性。

科学家如今认为，量子纠缠其实也是需要信道的。潘建伟教授的项目组于 2013年测出，量子纠缠的传输速度至少比光速高 4 个数量级。在量子纠缠的帮助下，带传输量子携带的量子信息可以被瞬间传递并被复制，因此就相当于科幻小说中描写的"超时空传输"，量子在一个地方神秘地消失，不需要任何载体的携带，又在另一个地方神秘地出现。

但想测量一下光子，再让远方复制，实现起来是非常困难的。中国科技大学经过多年艰苦努力，首次实现让一个光子的"自旋"和"轨道角动量"两项信息能同时传送。

自立自强：
占据科技制高点

第二篇

第四章　科技自立自强的重大意义

科技是第一生产力,是经济和社会发展的首要推动力量。我国政府十分重视科学技术的建设与发展,并在不同历史发展时期制定出了一系列科学技术政策,对提高社会生产力、增强我国综合国力、提高人民生活水平、加速社会的科技进步具有极其重要的战略意义。

第一节　中国科技发展战略历程

一、独立自主,自力更生

新中国成立初期,我国学习苏联,实行计划式科技体系,为社会、经济发展和国防建设解决了一系列重大科技问题,大大缩小了我国科学技术与世界先进水平的差距。

然而20世纪70年代末,世界新技术革命浪潮涌动,科技成果迅速推广应用,带来了社会生产力的巨大变革。国与国的竞争由单一的军事竞争、经济竞争转变为以科技为核心的综合国力竞争。我国的科技竞争力与西方国家相比,差距不断扩大。

二、科技是第一生产力

1978年3月18日,邓小平在中共中央召开的全国科学大会开幕式上的讲话中指出"科学技术是生产力",体现了中国科技战略思想的重大转折,指出"没有科学技术的高速度发展,也就不可能有国民经济的高速度发展",明确了知识分子是工人阶级的一部分,指出要提高我国的科技水平,"必须坚持独立自主、自力更生的方针。但是,独立自主不是闭关自守,自力更生不是盲目排外"①。

20世纪80年代,《"六五"国家科技攻关计划》、《中共中央关于科学技术体制改革的决定》(1985年3月)、《高技术研究发展计划纲要》(863计划)、星火计划

---

① 《党史上的今天》, https://m.gmw.cn/baijia/2021-03/18/34695824.html, 2023年3月4日。

和火炬计划等相继出台和实施。

进入 20 世纪 90 年代,中共中央、国务院公布《关于加速科学技术进步的决定》(1995 年 5 月),相继出台了《中华人民共和国促进科学技术成果转化法》(1996 年)、973 计划、中国科学院知识创新工程、国家大学科技园等 13 项科技计划。

三、自主创新

进入 21 世纪,我国进入全面建设小康社会,加快推进社会主义现代化的新的发展阶段。经济全球化趋势深入发展,新科技革命提供了重要的发展机遇。科技进步日新月异,创新活动日趋全球化,正成为经济与社会发展的主要驱动力量。发达国家产业的知识含量日益增加,知识资源正在成为主要的财富源泉。科技创新能力成为国际综合国力竞争的决定性因素。与此同时,我国科技创新能力不足已经成为制约经济社会发展的主要因素。

2006 年 1 月召开的全国科学技术大会,成为全面贯彻落实科学发展观,部署《国家中长期科学和技术发展规划纲要(2006—2020 年)》,加强自主创新、建设创新型国家的动员大会,是我国科技发展的新里程碑。以《国家中长期科学和技术发展规划纲要(2006—2020 年)》和其配套政策及实施细则的相继颁布实施为标志,"建设创新型国家"从战略思想、战略决策到指导方针、政策部署均已形成相对完整的体系,也标志着我国科技发展战略体系基本形成。

《国家中长期科学和技术发展规划纲要(2006—2020 年)》以增强自主创新能力为主线,以建设创新型国家为奋斗目标,在认真分析国内外科技经济发展形势、特点和需求的基础上,提出了未来 15 年中国科技工作的指导方针、战略目标、重点任务以及重要政策和措施。"自主创新,重点跨越,支撑发展,引领未来",是我国半个多世纪科技事业发展实践的概括总结,是面向未来、实现中华民族伟大复兴的重要抉择。

四、创新驱动发展战略

十八大报告指出,"科技创新是提高社会生产力和综合国力的战略支撑,必须摆在国家发展全局的核心位置"[1]。

要坚持走中国特色自主创新道路,以全球视野谋划和推动创新,提高原始创新、集成创新和引进吸收再创新能力,更加注重协同创新。

---

[1]《胡锦涛在中国共产党第十八次全国代表大会上的报告》, http://www.gov.cn/ldhd/2012-11/17/content_ 2268826_3.htm,2022 年 8 月 23 日。

实施创新驱动发展战略，是党中央综合分析国内外大势、立足国家发展全局做出的重大战略抉择。虽然中国经济总量已居世界第二位，但每万元GDP能耗是世界平均水平的两倍多：一些重点领域还处于跟踪模仿为主的阶段，很多关键核心技术仍受制于人。比如，我国电脑产量世界第一，但芯片主要依靠进口，芯片进口额已超过原油。只有实施创新驱动发展战略，创新发展模式，才能从根本上扭转关键核心技术严重依赖国外的局面，创造新的经济增长点，培育发展未来支柱性、先导性产业，实现我国从制造大国向制造强国的转变。

第二节 科技自立自强提出背景

习近平总书记在中国科学院第二十次院士大会、中国工程院第十五次院士大会和中国科协第十次全国代表大会上，分析了新一轮科技革命和产业变革的演化趋势，号召广大科技工作者"面向世界科技前沿、面向经济主战场、面向国家重大需求、面向人民生命健康，深入实施科教兴国战略、人才强国战略、创新驱动发展战略，把握大势、抢占先机，直面问题、迎难而上""完善国家创新体系，加快建设科技强国，实现高水平科技自立自强"[1]。

一、国际环境的重大变化

当今世界正经历百年未有之大变局，世界进入动荡变革期。

由信息技术、生物技术、新能源技术、新材料技术等技术创新及其交叉融合引发的新一轮科技革命和产业变革深入发展，催生出大量的新产业、新业态、新生产方式、新管理方式，引领世界新旧动能转换。

国际格局和力量对比加速演变、深刻调整，新兴市场国家和发展中国家群体性崛起，其经济实力大幅提升，在世界经济格局中的分量和比重不断增加，为全球治理体系变革注入强劲动力。

新冠疫情大流行对世界产生广泛而深远的影响，加速了世界大变局的演变进程，国际环境日趋复杂，全球动荡源和风险点显著增多，不稳定性、不确定性明显增强。

世界经济持续低迷，国际贸易和投资大幅萎缩，国际金融市场动荡，一些国家推行保护主义、单边主义、霸权主义，经济全球化遭遇逆流，全球产业链、供

---

[1]《习近平：在中国科学院第二十次院士大会、中国工程院第十五次院士大会、中国科协第十次全国代表大会上的讲话》，http://www.gov.cn/xinwen/2021-05/28/content_5613746.htm，2022年8月23日。

应链因非经济因素而面临冲击。

国际经济、科技、文化、安全、政治等格局都在发生重大变化，我们将面对更多逆风逆水的外部环境，倒逼我们必须自立自强做好应对一系列新的风险挑战的准备。尤其是针对一些西方国家在科技创新领域的"脱钩""断链"，需要在构建"双循环"新发展格局中，进一步完善自己的创新体系和"链路"，加快实现科技自立自强。

二、新一轮科技革命提供重大机遇

新一轮科技革命和产业变革对我国既是机遇也是挑战。新科技革命或将在新一代信息技术、生物技术、新能源技术、新材料技术、智能制造技术等领域取得突破。新科技革命和产业变革为科技自立自强提供了"机会窗口"，因此，要以新一代信息技术、生物技术、新能源技术、新材料技术、智能制造技术等领域科技创新为重点，着力增加创新要素，提升科技水平。

科技发展受多重因素影响，既有源于人类的好奇心和科技发展的惯性等内在动力，也有与经济和安全紧密相关的社会需求和投入因素。未来的科技发展将更加以人为本，促进和保障人与自然、人与社会和谐相处成为科技创新的基本理念，绿色、健康、智能将成为引领科技创新的重点方向，或将在新一代信息技术、生物技术、新能源技术、新材料技术、智能制造技术等领域取得突破。

三、新冠疫情影响及围绕疫情起源展开的较量

新冠疫情对各国科技文化和科技水平是一次重要检验，使问题和短板凸显，将大大促进科技创新体系建设。这次疫情不仅催发医疗卫生等领域的重大科技创新需求，也给我国进一步加强科学文化建设带来了新机遇和新挑战。

尽管受"逆流"和疫情双重影响，但由于我国疫情防控得当并在全球主要经济体中率先复苏，在较强的市场信号激励下，我国创新型企业的科技创新活动更趋活跃，转型升级继续稳步推进。创新型企业的创新信心和投资意愿增强，多数企业技术研发队伍保持稳定，一些企业在 2020 年下半年的研发投入、技术改造甚至出现逆势增长。

中国科协名誉主席、中国科学院院士韩启德在第二届中国科学文化论坛上指出，新冠疫情的突袭和挑战，给人类又出了一道世纪课题。

科学技术的进步在这次新冠疫情防控中发挥着不可替代的巨大力量。比如，曾经作为高端技术的 CT（computed tomography，电子计算机断层扫描）影像诊断

成为这次新冠疫情中每个病人与疑似病人的必须检查手段，人工智能参与读片大大提高了效率与准确率。科学家在新冠疫情伊始，就迅速分离病毒，完成基因测序，锁定致病原，并在第一时间提供核酸检测方法与试剂，检测面大幅提高。病毒分子遗传学研究使追踪新冠病毒来源和随时判断病毒是否突变成为可能，最新分子生物学技术加快了疫苗研发进度，并有可能发明更加高效的疫苗与有效治疗药物。

先进的信息技术使流行病学调查效率大大提高，迅速锁定新增与疑似病例和密切接触者，网络健康卡的建立与使用进一步保证了健康人群的安全与流动，大数据技术应用提高了疫情趋势预判的可靠性。

在中国，科学家仅用一周时间就分离出致病病毒，准确测出它的基因序列。这个水平和效率与 2003 年发生非典疫情时相比不可同日而语。西湖大学、中国科学院微生物研究所、清华大学等团队很快揭示人体 ACE2（angiotensin converting enzyme2，血管紧张素转化酶 2）的全长蛋白结构以及与新冠病毒 S 蛋白受体结合结构域的复合物结构；北京大学、中国科学院、清华大学等团队利用单细胞测序技术筛选出新冠有效抗体；多个团队迅速启动疫苗研发，并在短时间内进入临床试验并获得现阶段成功等。

中国能坚定不移采取自己的抗疫方针，这背后不可或缺的是我们自己强大科研力量提供的决策基础。

2020 年 3 月 16 日，美国总统特朗普在 Twitter 上首次使用"中国病毒"（Chinese Virus）这一表述，引发美国网友、政客及媒体的强烈批评。

2020 年 3 月 17 日，特朗普在白宫记者会上为使用"中国病毒"一词辩护，称他的说法指出了病毒来源，是"非常准确"的。

中国外交部发言人耿爽当天在例行记者会上回应，"近来，美国一些政客把新冠病毒同中国相联系，这是对中国搞污名化。我们对此强烈愤慨、坚决反对"[1]。

自此，围绕疫情起源的舆论战正式拉开帷幕。在新冠病毒肆虐全球的同时，以美国为首的西方国家却屡屡拿病毒起源问题攻击中国。其目的除了想转移其国内的疫情压力外，还想借由这场疫情抹黑中国，阻遏中国发展。

截至 2022 年 6 月 2 日，全球新冠疫情累计确诊病例达到 1.71 亿例，累计死亡病例达到 356 万例。

四、疫情冲击下各个国家调整科技发展战略

席卷全球的新冠疫情不仅冲击经济社会发展，而且对科技创新活动造成不可

---

[1]《3 月 17 日外交部发言人耿爽主持例行记者会》，http://www.scio.gov.cn/xwfbh/gbwxwfbh/xwfbh/wjb/Document/1675529/ 1675529. htm，2023 年 5 月 23 日。

忽视的影响。可以看到，疫情不仅将打破科研活动以往的工作方式，而且有可能对未来科技发展趋势产生深远的影响，包括改变各国政府的科技创新布局①。

《自然》杂志援引美国国立卫生研究院（National Institutes of Health，NIH）前院长 Elias Zerhouni 等美国科学家的观点认为，新冠疫情造成的经济大冲击可能会削弱联邦层面稳定科学技术投入增长势头。虽然部分国家政府也积极策划抵御新冠疫情带来的冲击，但政策实施效果难以预计。英国鲍里斯·约翰逊（Boris Johnson）政府在 2020 年 3 月宣布，计划到 2024～2025 财年将研发支出增加一倍以上，额度达到 220 亿英镑，但英国科技政策专家认为如果英国财政因为经济衰退遭受严重破坏，那么这类科技投入可能反而降低。正是由于可能存在的科研经费收紧情况，导致自由探索型科研项目的申请遇到阻碍，相比之下预期成果更加明确的项目可能容易获得支持，所以"看到实际效果""结果驱动"等可能成为未来一段时间内科技项目评价的重要标准。

全球新冠疫情打断了经济、社会和科技发展的正常进程，可能推动全球科技合作和竞争各类新趋势加速演进，包括全球科技创新竞争强度继续上升。一是新冠疫情将加速中美科技竞争，未来一段时间中美在前沿科技、产业技术等领域仍然保持高位竞争态势。二是欧洲由于自身缺少标杆性数字经济企业、数字化技术发展缺乏亮点等，所以有非常强的危机意识，近期选择利用"技术主权"（technological sovereignty）理念强化自我保护壁垒。2019 年 12 月上任的欧盟委员会主席冯德莱恩提出要强化"技术主权"。总体来看，欧盟主要采取了以下三方面的措施。首先，制定技术法规和标准，对科技公司进行监管。2020 年底，欧盟出台《数字服务法案》（Digital Services Act，DSA），强调对互联网平台的泛欧责任进行规定。其次，评估并减少欧盟在关键领域对非欧盟技术的依赖，包括欧盟于2020 年 9 月 3 日公布"关键原材料行动计划"、2020 年 11 月 25 日发布"欧洲药品战略"和 2020 年 11 月起正式开始运作"欧洲原材料联盟"等。最后，把数字主权作为确保"技术主权"的重中之重。另外在 2020 年 2 月，欧盟委员会发布《塑造欧洲数字未来》战略文件，对未来五年欧盟进行数字化转型的总体目标和关键行动进行了部署。

过去在全球一体化阶段，产业的本土化推动了研发的本土化。欧美等后工业化、信息化社会在去工业化（工业向中国这样的发展中国家转移）过程中，研发也跟着产业转移出去了。如今，世界各国在中国的研发机构达到 3000 多家，世界500 强企业有 470 多家在中国设立的研发机构。

随着各国疫情的缓解和各国再工业化的举措出台，会有一大批企业从中国转移出去的可能，相应的研发机构也可能会转移出去。

---

① 王开阳，程如烟：《后疫情时代的全球科技发展新趋势》，《科技中国》，2021 年第 4 期，第 18~20 页。

综上，受疫情影响，各国的研发投入会向新的药品、疫苗和医疗设备的研发等倾斜，即科技研发结构会改变。同时，美国、法国、英国和德国等有可能主动鼓励在本土开展科技研发，即全球研发分布会改变。

第三节　科技自立自强的重大举措

一、加快推动高水平科技自立自强

在短短一年内中央多次强调"科技自立自强"。

2020年10月，党的十九届五中全会通过的《中共中央关于制定国民经济和社会发展第十四个五年规划和二〇三五年远景目标的建议》明确提出"坚持创新在我国现代化建设全局中的核心地位，把科技自立自强作为国家发展的战略支撑"。

2020年12月，中央经济工作会议再次强调"科技自立自强是促进发展大局的根本支撑"[1]。

2021年1月，习近平总书记在省部级主要领导干部学习贯彻党的十九届五中全会精神专题研讨班开班式上指出，"构建新发展格局最本质的特征是实现高水平的自立自强，必须更强调自主创新"[2]。

习近平总书记在2021年5月召开的中国科学院第二十次院士大会、中国工程院第十五次院士大会和中国科协第十次全国代表大会上提出，"把科技自立自强作为国家发展的战略支撑"[3]。

2021年11月召开的党的十九届六中全会再次强调提出"推进科技自立自强"[4]。

二、把科技自立自强作为国家发展的战略支撑

"坚持创新在我国现代化建设全局中的核心地位，把科技自立自强作为国家发

①《一图速览！2020年中央经济工作会议干货（附全文）》，https://m.thepaper.cn/baijiahao_10459683，2022年8月23日。

②《习近平在省部级主要领导干部学习贯彻党的十九届五中全会精神专题研讨班开班式上发表重要讲话》，http://www.npc.gov.cn/npc/kgfb/202101/d4a0a4b3b31a4f42b1f488e2b054213e.shtml，2022年8月24日。

③《习近平：在中国科学院第二十次院士大会、中国工程院第十五次院士大会、中国科协第十次全国代表大会上的讲话》，http://www.gov.cn/xinwen/2021-05/28/content_5613746.htm，2022年8月23日。

④《中国共产党第十九届中央委员会第六次全体会议公报》，http://www.gov.cn/xinwen/2021-11/11/content_5650329.htm，2022年8月24日。

展的战略支撑，面向世界科技前沿、面向经济主战场、面向国家重大需求、面向人民生命健康，深入实施科教兴国战略、人才强国战略、创新驱动发展战略，完善国家创新体系，加快建设科技强国。"[1]党的十九届五中全会高度强调了创新在现代化建设全局中的核心地位，为"十四五"时期乃至更长时期的创新发展擘画蓝图、明确目标，必将进一步提振全社会创新自信、释放创新活力，为推进高质量发展提供战略支撑[2]。

2021年5月28日，习近平总书记在中国科学院第二十次院士大会、中国工程院第十五次院士大会和中国科协第十次全国代表大会上指出，"科技事业在党和人民事业中始终具有十分重要的战略地位、发挥了十分重要的战略作用"[3]。几年来，我国科技实力正在从量的积累迈向质的飞跃、从点的突破迈向系统能力提升，科技创新取得新的历史性成就。两院院士是国家的财富、人民的骄傲、民族的光荣。希望广大院士做胸怀祖国、服务人民的表率，追求真理、勇攀高峰的表率，坚守学术道德、严谨治学的表率，甘为人梯、奖掖后学的表率。要强化两院的国家高端智库职能，发挥战略科学家作用，积极开展咨询评议，服务国家决策。

三、创新是全局的核心

十九届五中全会提出，坚持创新在我国现代化建设全局中的核心地位，把科技自立自强作为国家发展的战略支撑。

习近平总书记在中国科学院第二十次院士大会、中国工程院第十五次院士大会、中国科协第十次全国代表大会上特别强调："加强基础研究是科技自立自强的必然要求，是我们从未知到已知、从不确定性到确定性的必然选择"[3]。我们既要勇于探索、突出原创，围绕宇宙演化、意识本质、物质结构、生命起源等重大科学问题，不断探索新领域、开辟新方向，努力取得重大原创成果；更要坚持问题导向、应用牵引，加强建制化、定向性基础研究，以应用研究倒逼基础研究、以基础研究推动应用研究，从经济社会发展和国家安全面临的实际问题中凝练科学问题，从国家急迫需要和长远需求出发，加快突破一批关键核心技术。同时，加强战略性产业共性技术研发与供给，推进创新链产业链深度融合，提高科技成果转移转化成效。发挥多学科交叉融合优势，支撑现代工程和技术科学发展，形成

①《中国共产党第十九届中央委员会第五次全体会议公报》，https://www.gov.cn/xinwen/2020-10/29/content_5555877.htm，2023年3月4日。

②《央视快评｜把科技自立自强作为国家发展的战略支撑》，https://baijiahao.baidu.com/s?id=1682159068687547564&wfr=spider&for=pc，2022年8月24日。

③《习近平：在中国科学院第二十次院士大会、中国工程院第十五次院士大会、中国科协第十次全国代表大会上的讲话》，http://www.gov.cn/xinwen/2021-05/28/content_5613746.htm，2022年8月23日。

完整的现代科学技术体系。

一个国家技术先进、结构完整的产业体系和相对独立完备的国防军工体系，必须依靠自强自立的科技支撑。科技自立是指国家能够独立发明创造，并且足以支撑本国的经济社会持续发展。科技自强是指能够独立研究关键核心技术，开发重要装备，建设重大工程。关键核心技术是国之重器、国际竞争的撒手锏，这些技术要不来、求不来、讨不来，只能依靠本国科研力量自主研发。要发挥社会主义集中力量办大事的制度优势，继承"两弹一星"的优良传统，建立举国攻克关键核心技术的研发体制，攻克高端芯片、光刻机等关键核心技术。

目前，我国面临很多"卡脖子"技术问题，其根源在于基础理论研究跟不上，源头和底层的东西没有搞清楚。因此，创新要瞄准世界科学前沿，实现重大原创性突破。科技创新要面向国家重大需求，服务国家急迫需要和长远需求，突出关键共性技术、前沿引领技术、现代工程技术、颠覆性技术创新，如高端芯片、光刻机、光刻胶、光刻工艺、研发类工业软件、大型飞机发动机、高端船用发动机等方面。

四、科技创新着力点与突破口

百年未有之大变局的最关键变量有三大背景（或原因）：①中美贸易战；②新一轮科技革命和产业变革；③新冠疫情对世界造成重大影响。因此，科技创新着力点应是：①科技自立自强；②新基建；③国内大循环的三位一体。

（一）新基建有助于完善中国创新体系

在新冠疫情深度冲击全球经济的大背景下，唯有科技、创新才是走出危机、赢得主动的治本之道。加快新基建建设，特别是加快布局一批以大科学装置和大试验平台为代表的创新基础设施，同时辅以科技创新体制改革的深化，将有助于打造基础研究、区域创新、开放创新和前沿创新深度融合的协同创新体系，有助于进一步激发全社会创新创造动能，有助于中国引领第四次工业革命。

从经济运行的现实情况看，在特殊背景下，通过发起一轮基础设施建设来扩大有效投资、培育新消费是必然之举。通过加大 5G、数据中心、工业互联网等新基建建设，将技术转化为生产力，生产力转化为发展力，就将产生一石多鸟之效，在促消费惠民生、调结构增后劲上起到重要作用。因此，新基建从短期来说刺激经济，推动经济恢复，从中长期来说是彻底地把中国提到了一个新的科技的水平，为未来的发展打下一个科技基础。

（二）科技自立自强是双循环战略制高点

目前，中国已进入高质量发展阶段，多方面优势和条件更加凸显，国内需求潜力巨大。加快形成以国内大循环为主体、国内国际双循环相互促进的新发展格局，是根据经济社会发展阶段、环境、条件变化做出的战略决策，是事关全局的系统性深层次变革。

构建双循环新发展格局必须提升产业链供应链现代化水平，大力推动科技创新，加快关键核心技术攻关，打造未来发展新优势。

第五章　强化国家战略科技力量是首要任务

战略科技力量是国家科技创新体系的中坚力量，国家竞争是科技创新能力体系的比拼。

2017 年 10 月，党的十九大报告强调"加强国家创新体系建设，强化战略科技力量"①，标志着国家战略科技力量建设上升为党和国家的意志。

2019 年 1 月，习近平在省部级主要领导干部坚持底线思维着力防范化解重大风险专题研讨班开班式上发表重要讲话，提出"抓紧布局国家实验室，重组国家重点实验室体系"②。

2020 年 10 月，党的十九届五中全会重申"要强化国家战略科技力量"③。

2020 年 12 月，中央经济工作会议将"强化国家战略科技力量"作为 2021 年八项重点任务之首④。

第一节　强化国家战略科技力量的重要意义

一、如何理解国家战略科技力量

什么是国家战略科技力量？

战略是对整体性、长期性、基本性问题的根本策略。战略在军事领域，是指导战争全局的方略，即战争指导者为达成战争的政治目的，依据战争规律所制定和采取的准备与实施战争的方针、策略及方法。战略也可用在商业竞争领域，如企业战略、营销战略等，指的是为达到某个目标，使用什么方法、怎样定位、如

---

① 《习近平：决胜全面建成小康社会 夺取新时代中国特色社会主义伟大胜利——在中国共产党第十九次全国代表大会上的报告》，https://www.gov.cn/zhuanti/2017-10/27/content_5234876.htm，2023 年 3 月 4 日。

② 《习近平在省部级主要领导干部坚持底线思维着力防范化解重大风险专题研讨班开班式上发表重要讲话》，https://www.gov.cn/xinwen/2019-01/21/content_5359898.htm?tdsourcetag=s_pcqq_aiomsg，2022 年 8 月 24 日。

③ 《中国共产党第十九届中央委员会第五次全体会议公报》，http://www.gov.cn/xinwen/2020-10/29/content_5555877.htm，2022 年 8 月 24 日。

④ 《一图速览！2020 年中央经济工作会议干货（附全文）》，https://m.thepaper.cn/baijiahao_10459683，2022 年 8 月 24 日。

何整合、建立竞争优势等。比如，战略武器、战略物资等都是具备了某种资源或某种力量，能为战争或竞争目标服务。

国家战略是指导国家各个领域的总方略。国家战略的任务是依据国际国内情况，综合运用政治、军事、经济、科技、文化等国家力量，筹划指导国家建设与发展，维护国家安全，达成国家目标。

国家战略科技力量，不是简单的科技战略，而是将科技能力和科技优势作为一种国家力量，来为总体国家目标服务。

二、国际上强化国家战略科技力量的经验与举措

国家战略科技力量在美欧日韩等地崛起过程中的作用如下。

第一次世界大战（简称一战）前主要服务于地理区间和自然资源的勘查，以利于国家的资源开发或扩张。

两次世界大战期间以及冷战期间增加了武器研发及航空航天领域的国家战略科技力量，服务于国家的军事需要。

二战结束后重心转向基础研究［尤其是基于大科学装置的基础研究，以及大学首席科学家（principal investigator，PI）负责制度（即 PI 制）无法开展的大团队、长周期的基础研究］。

当下，知识经济的兴起引发各国更加重视国家战略科技力量对国家经济社会发展的支撑，服务国家在全球科技竞争中的战略目标。

（一）美国

美国先后成立了 NSF（1944 年）、高级研究计划局（Advanced Research Projects Agency，ARPA）（1958 年）、NASA（1958 年）等科研机构。军方和政府的需求成为科技发展的关键牵引力。

曼哈顿计划（Manhattan Project）：美国陆军部于 1942 年 6 月开始实施利用核裂变反应来研制原子弹的计划。该计划集中了当时西方国家（除纳粹德国外）最优秀的核科学家，动员了 10 万多人，历时 3 年，耗资 20 亿美元，于 1945 年 7 月 16 日成功地进行了世界上第一次核爆炸。

阿波罗计划（Project Apollo）：美国从 1961 年到 1972 年组织实施的一系列载人登月飞行任务。该计划历时约 11 年，耗资 255 亿美元。在工程高峰时期，参加工程的有 2 万家企业、200 多所大学和 80 多个科研机构，总人数超过 30 万人。

20 世纪 70 年代以后，美国策动的信息技术革命浪潮使其继续保持了领先地位。1968 年，有了道格拉斯·恩格尔巴特（Douglas Engelbart）在联合计算机会议上的

演示。1969 年，ARPA 建立因特网的雏形，将加利福尼亚大学洛杉矶分校、斯坦福大学研究院、加利福尼亚大学和犹他州大学的四台主要的计算机连接起来。1970年，施乐公司组建了 PARC（Palo Alto Research Center，帕洛阿尔托研究中心）（启发了乔布斯和比尔·盖茨）。2006 年之后，美国国防部（U.S. Department of Defense，DoD）太空发展局（Space Development Agency，SDA）投资 SpaceX 公司等。

二战后，美国把战时实验室转制成了国家实验室，围绕国家使命开展基础性、前沿性和战略性的科研任务，从事高校、企业或民间研究机构难以开展的研究，成为国家创新体系中的主力部队。国家实验室作为美国的国家战略性科技力量，承担了很多发端于曼哈顿计划等的国家战略任务。

冷战结束后，美国国家实验室的使命与时俱进，研究领域从保障国家安全的武器研发逐步扩展到海洋、能源、健康、信息、材料等重大科学前沿与支撑经济社会发展的领域，并开始更多地从事跨学科、综合性研究。

目前，多数美国国家实验室是政府所有、合同管理，政府通过合同的方式委托大学、私营企业或非营利机构等负责实验室的运营管理，政府部门主要发挥监督管理作用，这样既能体现国家战略目标，又能保证实验室管理上的灵活性。

近年来，美国政府特别强调包括国家实验室在内的科研机构服务国家目标、支撑发展需求。

2013 年，美国国会与白宫着手对国家实验室进行改革，目标是确保实验室执行高优先级的国家战略任务，保持其世界级地位，并促进科学发现转变为商业突破。

2014 年，美国参议员向国会提交名为 The America INNOVATES Act 的改革法案，提出了革新能源部国家实验室体系的目标与具体行动措施：①整合能源部国家实验室科学技术计划的管理，建立垂直集成的研究体系，将主管能源的副部长和主管科学的副部长两个职位合并，整合对基础科学与能源应用实验室及计划的布局、规划、管理与评估；②简政放权，增加实验室在基础设施投资、运作、人力资本管理、外部合作等方面的自主权，以最小化行政负担，并更好地满足市场需求；③促进公私商业化合作和技术转移，使能源部能够更加灵活地支持大学和非营利机构开展应用研究与开发活动，使产业界能利用能源部国家实验室的资源自己投资做研究；④加强问责与评估，建立高层次工作组以评估实验室体系效率，特别是在履行放权和促进技术转移方面的进展，确保实验室自主管理和积极开展技术商业化活动。

面对新冠疫情等全球危机以及新的国际形势的发展，主要国家对战略科技力量支撑经济社会发展势必有更强烈的需求。

2021 年 1 月，美国总统拜登公布了其总统科学技术顾问团队和政府科学机构成员的任命，并在致总统科学技术顾问的任命信中要求该团队认真思考以下五个问题，为美国未来 75 年的科技创新建言献策：①疫情为我们提供了哪些经验来满足公共健康需求？②科技突破如何帮助解决气候变化问题？③面对中国的竞争，如何确保美国未来在科技和工业上保持领先地位？④如何确保每一个美国人都享受到科技成果的好处？⑤如何确保美国科学技术的可持续发展？随着美国政府越来越重视科学研究的国家意志，美国未来国家战略科技力量必然会得到加强。

事实上，美国国会下设的"美中经济与安全审查委员会"建议建立一个新的美国国家实验室，或指定一个现有的美国国家实验室聚焦于生物技术研究，并以类似曼哈顿计划的努力确保美国公众能够安全有效地获得关键救生物资和维持生命的药物及医疗设备。

（二）欧洲

"葡萄牙率先开启航海大发现"和"英国率先进入工业革命"等早期案例可以很好地反映欧洲强化科技力量的经验。

根据葡萄牙编年史的记载，15 世纪时，在恩里克王子的主持下，葡萄牙最南端的一个叫萨格里什的小渔村里曾经建立过人类历史上第一所国立航海学校，曾经有过为航海而建的天文台和图书馆，建于 15 世纪的灯塔，经历了近六百年的风霜雪雨，依然骄傲地矗立着。

意大利人、阿拉伯人、犹太人、摩尔人，不同种族，甚至不同信仰的专家、学者，聚集在恩里克王子的麾下。他们改进了中国指南针，把只配备一幅四角风帆的传统欧洲海船，改造成配备两幅或三幅大三角帆的多桅快速帆船，正是这些 20 多米长、60~80 吨重的三角帆船最终成就了葡萄牙探险者的雄心；他们还成立了一个由数学家组成的委员会，把数学、天文学的理论应用在航海上，使航海成为一门真正意义上的科学。

对技术创新的激励机制对英国发展影响深远，直到已进入知识经济时代的今天，这个制定了世界上第一部专利法的国家，依然将科技创新战略作为国家发展战略，并在全球高新产品生产国中位列第四。

英国皇家学会是英国最高科学学术机构，也是世界上历史最悠久而又从未中断过的科学学会，它在英国起着全国科学院的作用，而牛顿就曾任英国皇家学会会长。

现在，德国、英国、法国等均有国家实验室或研究基地形式的国家战略科技力量，以国家重大战略需求和经济社会发展迫切需要为导向，完成国家目标和科学前沿探索任务。

具有代表性的是德国亥姆霍兹国家研究中心联合会，其以大型基础研究设施为依托，从事跨学科、综合性战略研究，承担耗时长、问题复杂、对大型仪器设备要求高、德国工业界不愿或无力承担的国家委托的重大研究任务。为促进跨学科合作、提升效率，亥姆霍兹国家研究中心联合会也在持续优化机构管理，如从机构式资助转变为基于项目的经费配置，并基于长期性科研课题，与大学联合建立由联邦和州政府共同资助的国立科研机构，承担解决社会重大问题的任务。

（三）日本

20 世纪 70 年代，为解决经济社会发展中的紧迫问题，国家创新体系思想在日本孕育。

1974 年 6 月，因日本半导体和集成电路产业受到美国打压，日本电子工业振兴协会向日本通产省提出了由政府、产业及研究机构共同开发"超大规模集成电路"的设想。由此，日本成为最早在产业经济领域由国家组织关键技术研发并取得成功的国家，其最为典型的案例正是超大规模集成电路研究计划（1976～1980 年）。

1976 年日本政府正式启动该计划，通过设立国家层面的专门协会（超大规模集成电路技术研究协会），建立公有部门和私有部门共同投资、利益分享的机制，成功实现了政府支持与市场机制的有机结合，带领日本在 20 世纪 80 年代进入集成电路发展高峰，一度超越美国，成为全球半导体生产第一大国。

日本以立法形式确立国立研发机构的独特地位和机制，使其成为科技研发和技术创新的主要力量，日本出现诺贝尔奖的"井喷"现象得益于对研究经费的高强度投入和对研发活动的持续性支持。

2015 年，日本为国立科研机构量身定制新法人制度，将 31 家国立科研机构在"独立行政法人"的基础上确定为"国立研究开发法人"，并对承担战略性任务、在国际竞争中有望领先全球的研发法人，包括日本理化学研究所、产业技术综合研究所、物质材料研究机构，赋予"特定国立研究开发法人"地位，作为各领域和行业研发网络的中心，发挥其在日本国家创新体系中的核心作用，引领日本未来科技创新发展。

2017 年，日本综合科学技术创新会议通过《促进特定国立研究开发法人发展的基本方针》，突出了"特定国立研究开发法人"的战略地位。政府多方面给予政策和制度保障，包括：确保基础研究经费和人员工资稳定，尝试新的薪酬体系和人事管理政策，如扩大间接经费用途以充实机构经费；制定优惠政策吸引企业投资科研活动，促进机构多种渠道获取经费；尊重机构负责人的自主权和独立性，在政府采购方面给予机构负责人更多自主权；在中长期发展规划的制定方面，在明确机构自身在国家发展中应肩负重任的基础上，尊重差异性和自主性；减轻机构因考核评价而产生的工作负担等。

（四）韩国

韩国的经验是增强政府资助研究机构国家战略任务的执行力。

2011 年韩国发布《科技领域政府资助研究机构改革方案》，旨在打破部委间、科研机构间的壁垒，避免重复投资，促进跨学科交叉研究，应对新兴研究领域的挑战；并且针对教育科学技术部和知识经济部下属的 27 个政府资助研究机构进行大规模的机构迁移。

韩国另一个典型的案例体现在将海洋问题纳入国家意志和战略。为促进系统性地研究、开发、管理和利用海洋与海洋资源，确保韩国在海洋科技领域的国际竞争力，国会通过《韩国海洋科学技术院法》，并据此成立韩国海洋科学技术院。新成立的韩国海洋科学技术院由原韩国海洋研究院改编更名而来，具备独立法人资格，政府对其稳定支持的一揽子研究经费预算比重从原有的 39% 提高至 75%；着力构建海洋领域产学研合作平台，通过国家集中资助提高韩国的海洋科技竞争力，并开辟研究型大学和科研机构的合作新模式等。这些举措表明该机构将更多地体现和满足国家战略需求，服务韩国海洋战略目标。

三、国家战略科技力量三类管理模式

在管理国家战略科技力量时，依据目前存在的具体情况，大致分为三类模式。

第一类：国有国营（government-owned，government-operated，GOGO）管理模式。

在一般人印象中最具典型性的国家战略科技力量管理模式是军工及准军工类。这类科研活动主要来源于国防和航空航天等军工领域，如核武器、无人战斗机、火星探测器等军工产品的研制，以及地质调查、海洋调查等准军工领域，一般无法由非国家战略科技力量完成。

典型案例有 NASA、美国国防部国家实验室、美国能源部与核武器相关的国家实验室（如洛斯阿拉莫斯国家实验室）、俄罗斯茹科夫斯基中央空气流体动力学研究所等。

这类国家战略科技力量的目标明确且刚性强、投资庞大、保密性强，因此，大多数由政府投资、政府拥有并由政府直接管理。

第二类：国有民营（government-owned，contractor-operated，GOCO）运行管理模式。

这类科研活动主要是基础研究类，尤其是那些需要长周期投入，依赖于大型科研设施平台、大型研究团队，需要发挥多学科综合优势的基础研究，以提升本国基础研究水平和国际影响力为目标。

例如，美国能源部国家实验室、德国亥姆霍兹国家研究中心联合会等基于国家投资兴建的大科学装置开展前沿基础及交叉学科研究；德国马普学会、法国国家科学研究中心、日本理化学研究所等主要开展大团队式的基础研究；日本政府资助大学建立的"世界顶级国际研究基地计划"（World Premier International Research Center Initiative）基地、德国科学基金会资助大学建立的特殊研究领域项目等主要开展多学科交叉的基础研究。

美国和英国的这类国家战略科技力量主要采用"国有民营"的运行管理模式，政府拥有、政府资助但是通过合同委托民办机构来管理。日本主要采用"国立研发法人"的管理制度，德国主要采用社团管理模式，实质上都是将国家战略科技力量交由科技界自己运行和管理。

第三类：政产学研合作模式。

这类科研活动以推动经济社会发展和民生为目标，旨在解决医药、能源、制造、通信、交通等众多行业领域的共性关键技术问题，大多尚处于探索之中。

例如，德国弗劳恩霍夫协会主要为中小企业提供技术服务，为了保障其作用发挥，一方面，该协会研究所大多设在大学内部，保证了技术前沿供给和高水平科研队伍；另一方面，通过对下属研究所进行定期评估，将政府资助经费与获得的企业合同经费挂钩，保证该协会与政府签订的为中小企业服务的协议落实。

美国联邦政府资助大学建立非法人属性的产学合作中心，推动大学优质科研力量服务经济社会发展。例如，NSF 于 1973 年启动产学合作研究中心（Industry-University Cooperative Research Centers，IUCRC）计划，针对产业界和政府组织共同感兴趣的领域开展竞争前研究，旨在建立以大学为依托、产业界参与、政府支持的产学合作伙伴关系。这类中心采用"政府固定经费+会员费"的方式运行，政府机构和各类企业每年支付会员费，NSF 提供固定经费的前提是中心的会员数量达到要求。

四、世界强国竞争比拼的是国家战略科技力量

当今世界综合国力竞争的核心和焦点是科学技术。现代化强国依靠科技自立自强。如果科技不能自立，关键核心技术受制于人，那么产业安全、国家安全、国防安全都会存在风险。在关键时刻技术可能会被他国封锁，经济会被遏制和打压，重要产业将难以持续健康发展。

习近平总书记指出，"强化国家战略科技力量，提升国家创新体系整体效能。世界科技强国竞争，比拼的是国家战略科技力量。国家实验室、国家科研机构、高水平研究型大学、科技领军企业都是国家战略科技力量的重要组成部分"，并对

各自职能定位和任务分工提出了明确要求，强调要"科学合理布局科技创新"①。这是对党的十九届五中全会和 2021 年中央经济工作会议关于"强化国家战略科技力量"部署要求的进一步深化。

我们要坚守国家战略科技力量的定位，按照习近平总书记在 2019 年致中国科学院建院 70 周年的贺信中提出的"加快打造原始创新策源地，加快突破关键核心技术，努力抢占科技制高点"要求②，以国家战略需求为导向，着力解决影响制约国家发展全局和长远利益的重大科技问题，加快打造原始创新策源地，加快突破关键核心技术，努力抢占科技制高点。同时，加强协同创新与开放合作，引领带动国家创新体系提升整体效能。

实现科技自立自强要处理好继承与创新、开放与自主、发展与安全、政府与市场等关系。科技自强要求具有强大的创新能力，但不是抛弃人类一切优秀科技知识、从头再来，而是在继承古今中外优秀科技知识基础上，站在当代科学前沿，在重大理论上取得突破，在关键技术领域有重大发明。

第二节　国际科技合作战略

一、更加开放包容的国际科技合作战略

2021 年 2 月 26 日，中国国务院新闻办公室在北京举行"加快建设创新型国家，全面支撑新发展格局"新闻发布会，中国科技部部长王志刚表示，"面向未来，中国将实施更加开放包容、互惠共享的国际科技合作战略，推动科技开放合作的愿望将会更加强烈，门会开得更大，步子会迈得更大"③。

当前和将来，中国就共同关注的科学技术和创新领域积极开展国际对话交流和深度合作。

一是在气候变化、能源资源、公共卫生等可持续发展领域，设立面向全球的科学研究基金、积极贡献中国智慧，共同应对全球性挑战。

二是在重大突发传染性疾病防控和公共卫生领域，创新科技合作机制，推动

---

① 《习近平：在中国科学院第二十次院士大会、中国工程院第十五次院士大会、中国科协第十次全国代表大会上的讲话》，http://www.gov.cn/xinwen/2021-05/28/content_5613746.htm，2022 年 8 月 23 日。

② 《习近平致中国科学院建院 70 周年的贺信》，https://www.cas.cn/zt/sszt/cas70/cas/201911/t20191101_4722395.shtml，2022 年 8 月 24 日。

③ 《国务院新闻办就加快建设创新型国家全面支撑新发展格局举行发布会》，http://www.gov.cn/xinwen/2021-03/02/content_5589617.htm，2022 年 8 月 24 日。

开展更多务实科技合作。

三是与世界各国携手推进事关人类福祉的科学研究和技术创新，共同凝练科学问题，共同支持各国科学家合作开展科研活动，共同推动科技合作成果为各国发展和人民福祉服务，切实担负起构建人类命运共同体的科技创新使命。

中国积极融入全球创新网络，科技开放合作已迈出主动布局"新步伐"：与多个国家建立创新对话机制，同 50 多个国家和地区开展联合研究；深度参与国际热核聚变实验堆（International Thermonuclear Experimental Reactor，ITER）计划等国际大科学工程；"一带一路"科技创新合作计划支持 8300 多名外国青年科学家来华工作，建设 33 家联合实验室；实施统一的外国人才来华工作许可和签证制度，办理外国人才工作许可近 65 万张。

在全球科技抗疫合作领域，中国参与世界卫生组织 10 个工作组，与世界各地开展科技抗疫交流合作，分享最新成果，提供中国方案。

二、科技自立自强与开放合作

（一）两者关系

科技自立自强与开放合作不是对立关系，是辩证统一关系，开放合作是中国特色自主创新道路的题中应有之义，中国需要自立自强和自主，这样才能够相互平等、相互尊重地开展科技的开放合作。另外，开放合作也是互惠共赢，在中国的对外开放中，科技的开放一直走在前列，"我们持续为世界科技进步和经济社会发展作出贡献，同时也从国际科技合作中获益良多"[1]。

21 世纪，国际合作是科技创新的重要模式。要通过开放合作，学习、吸收国外先进科技，取长补短，共同进步。如果闭关锁国、与世隔绝，将会失去国际交流机会，既不了解世界科技发展趋势、前沿动态，也有可能重复其他国家的研究。

借鉴国外科技需要开放，但是开放不是全盘吸收、一味模仿，而是在借鉴他国基础上进行自主创新。开放、借鉴是创新的基础，科技自立自强是最终目的。

虽然科技自立自强的本质是实现关键核心技术的自主可控，减少对国外关键技术的依赖，但这并不是闭门造车、排斥学习。科技自立自强需要更加深化开放创新和国际合作。随着全球科技的迅猛发展，开展国际科技合作有利于我们掌握关键技术，充分利用全球科技资源，发挥科技资源积累集聚对经济社会发展的引

---

[1]《国务院新闻办就加快建设创新型国家全面支撑新发展格局举行发布会》，http://www.gov.cn/xinwen/2021-03/02/content_5589617.htm，2022 年 8 月 24 日。

领和支撑作用[①]。

（二）对外科技合作模式

1. 注重政府市场的"模式互补"

对外科技合作不仅需要政府主导型的合作，也需要市场主导型的合作，两者互为补充、相得益彰。一方面，政府统筹国家、市场、社会不同层面的需求，聚焦环境保护、气候变化、人类健康等经济发展过程中遇到的基础性研究问题、共性研究需求，主导和支持开展国际科技合作，务求解决经济社会发展共同面临的挑战和难题；另一方面，要充分发挥市场对国际科技合作的调节作用，支持和鼓励高校、院所、企业、社团协会和个人等在细分产业领域、行业领域、技术领域及学术领域等开展更为精准、面向市场应用的国际科技合作交流。与此同时，政府通过市场配置和调节，也能够以更加灵活的方式参与关键核心技术的联合攻关、国际科技项目计划、国际质量标准制定等。反之，在市场主导下的科技合作成果和经验，将为政府在优势领域开展国际科技合作提供有力支撑，以展现和提升科技实力和影响力。

2. 关注互惠共赢的"比较优势"

国际科技合作交流是"一带一路"、RCEP（Regional Comprehensive Economic Partnership，区域全面经济伙伴关系协定）中的重要内容之一，其合作的本质是合理汲取、学习合作各方在科技创新领域的"比较优势"，实现互惠共赢、共同发展。在国际科技合作交流中，要着眼对技术、人才、资本等创新资源的全球配置，在更高起点上推进自主创新，主动布局和积极利用国际创新资源，构建合作共赢的伙伴关系。正如在抗击新冠疫情中，我国不仅将测定的病毒全基因组序列第一时间与全球分享，并将有效的检测和诊疗方案公布，同时与多国携手开展疫苗研发，为国际社会共同应对疫情做出了重要贡献。此外，要积极支持企业建立国际科技合作基地，鼓励企业开展国际科技合作交流，充分发挥企业在产业、技术、市场方面的优势，为国外先进技术的引进和产业化提供了良好的"中试"条件，通过开展技术研发合作，实现先进科技成果引进转化和产业创新能力提升的共赢。

3. 注意科技博弈的"竞争合作"

当前，全球化、多元化是主要趋势，以科技为核心的综合实力竞争已然愈演愈烈，国际科技合作形成了既合作又竞争的态势。因此，要求我们每名科技干部、

---

① 杨博宇：《坚持科技自立自强，要深化国际科技合作》，《嘉兴日报》，2021 年 5 月 11 日，第 2 版。

科技工作者都应当有更加开放的思维和包容胸怀，持续提升国际视野，掌握前沿科技，熟悉政策法规，了解国际惯例等，在不断提升自主创新能力的同时，更加自信地"请进来""走出去"，充分发挥我们自身的"比较优势""制度优势""生态优势""干部队伍优势"等。一方面，要积极"筑巢""搭台"，打造国际创新资源开放合作平台，在国际技术贸易中逐步探索"揭榜"国际化机制，逐步培育面向全球的技术转移服务机构和人才。另一方面，要更大力度鼓励和支持有条件的企业、园区、高校院所、社团协会"走出去"，在全球科技变革潮流中搏击风浪，最大限度用好全球资源，提升我们在全球创新格局中的地位和影响力。

三、科技自立自强与中美科技战

（一）中美科技战的性质

对中美关系复杂性无须赘述，目前两国间竞争合作局面将长期存在。除非发生意外的军事冲突，中美之间的"竞合"格局不可能出现颠覆性变化。只是现在的"竞合"格局变得更加多元、多样和多点。甚至在今后一段时期，竞争要明显多于合作，竞争的强度和烈度会更加突出和缺乏兼容性。

中美科技战性质可归纳为"竞争中有合作、全方位的竞争、多领域的合作"。

（二）中美科技战的重点

美国今后对华遏制的核心目标是企图通过持续的科技战以及经济、贸易和金融施压，压制中国高科技与高精尖制造业崛起的历史进程，尽可能抑制中国科技创新和制造业发展总体上从中低端向中高端、高端升级。美国插手我国香港、新疆等地事务，在意识形态问题上再度抹黑中国，都是在为这种战略打压制造借口和合理性。

为此，我们不能令"脱钩"成为现实，而是要在保持中低端制造业和科技领域继续合作的同时，加速国内科研体制创新、科研成果的市场化转换机制的变革，调动国企和民企全面强化科研投入，全力推进中国制造业和科技创新的升级进程。

中美科技战的重点就在高科技领域和高精尖产业。美国以此来达到遏制中国崛起，中国也以此来挫败美国图谋。

（三）中美科技战的应对

应对中美科技战，我们要有准确、及时和科学的战略选择。面对美国的对华战略施压，我们既需要重视国家力量建设，也需要重视社会力量的引导和建设，调动和释放社会活力。过去 400 年来的世界历史已清楚说明，大国竞争和冲突的关键时刻，最终获胜的大国常常不是高度的国家主义，而是国家力量、社会活力和个人自由能够有效结合、相互约束、各司其职的国家。

如何让国家、社会和个人在中国崛起的历史进程中建立合理、有效和法治化的最大合力，这是我们应对大变局挑战需要做出的战略选择。21 世纪的世界政治和经济局势，除了信息化、全球化和扁平化，同样也存在着日益"社会化"和"民众化"的特点。释放民众和社会的活力，依靠 14 亿中国人的巨大资源，中国不惧怕世界上任何大国的打压和竞争。

中美科技战的应对策略就是坚持高水平的科技自立自强，培育出强大的战略科技力量。

第三节　中长期科技创新战略

一、优化完善科技创新体系

制定科技强国行动纲要，健全社会主义市场经济条件下新型举国体制，打好关键核心技术攻坚战，提高创新链整体效能。加强基础研究、注重原始创新，优化学科布局和研发布局，推进学科交叉融合，完善共性基础技术供给体系。

在重点前沿领域，实施一批重大科技项目。制定实施战略性科学计划和科学工程，推进科研院所、高校、企业科研力量优化配置和资源共享。推进国家实验室建设，重组国家重点实验室体系。布局建设综合性国家科学中心和区域性创新高地，支持北京、上海、粤港澳大湾区形成国际科技创新中心。构建国家科研论文和科技信息高端交流平台。

二、提升企业技术创新能力

（一）只有核心领域技术突破才能掌握发展主导权

企业是科技自立自强的主体。科技发展史上，晶体管、集成电路、激光器、PC（personal computer，个人计算机）、太阳能电池等很多重大技术都由企业发明。

企业一旦停止创新，则很快就被赶超甚至被淘汰。柯达曾经是世界上最大的影像产品供应商，由于注重胶片旧技术，忽视数码新技术，被富士、索尼、惠普、佳能、爱普生等数码照相机新秀企业击败。摩托罗拉曾经是世界百强，是芯片制造和电子通信领域的全球领导者，由于技术创新滞后，最终也在激烈的市场竞争中被击败。

随着中国科技发展从以跟跑为主进入跟跑、并跑、领跑并存的历史新阶段，一些先行企业开始进入创新领域的"无人区"[①]。

中国领先企业不仅从创新发展中获得竞争优势和领跑红利，也切身感受到科教兴国、人才强国、创新驱动发展等国家战略的深刻意义，积极投身到完善国家创新体系、强化国家战略科技力量的时代浪潮中去，促进了中国在全球科技创新格局中从被动跟随向积极融入、主动布局全球创新网络转变。

个别国家政客滥用各种力量打压遏制我国科技创新先行企业的不公正行为，反而使得更多中国的创新型企业更加清醒、更加深刻地认识到，企业必须在核心技术领域持续实现突破，掌握更多具有自主知识产权的关键技术，掌控自己的发展主导权。

（二）中国企业创新发展还有待进一步提升

随着中国科技创新整体能力的显著提升，中国企业的创新发展也在长期积累的基础上，跃上新台阶、迈入新阶段。2019年，中国以206家"独角兽"企业居全球首位；全球超级"独角兽"企业中，中国在前五名中独占三席。这只是中国企业创新发展的一个缩影。这些成就的取得，既是创新先行企业长期坚持、艰苦探索的结果，也是各级政府落实创新支持政策、扶持创新型企业发展的结果。

通过科技创新，开发新产品、新工艺，形成新技术、新产业、新业态、新模式，才能推动传统产业向产业高端升级。通过科技创新，企业才能提高产品质量，构筑核心竞争力。

经过几十年积累发展，我国科技实力剧增，成为科技大国，但还不是科技强国。虽然我们成功开发了北斗卫星导航系统、高速列车、运-20、天宫空间站等关键核心技术，但是在高端芯片、光刻机、研发类软件、工业控制系统领域还依赖国外技术，没有实现完全自立自强，现有科技水平还不能适应经济高质量发展的要求。因此，要坚持创新在我国现代化建设全局中的核心地位，加大科技攻关力度，掌握关键核心技术，支撑国家现代化建设，建设创新型国家。

（三）提升企业技术创新能力举措

（1）强化企业创新主体地位，促进各类创新要素向企业集聚。

（2）推进产学研深度融合，支持企业牵头组建创新联合体，承担国家重大科技项目。

（3）发挥企业家在技术创新中的重要作用，鼓励企业加大研发投入，对企业

---

① 项安波：《企业是实现科技自立自强的创新主体和微观基础》，《中国发展观察》，2020年第24期，第19~20页。

投入基础研究实行税收优惠。

（4）发挥大企业引领支撑作用，支持创新型中小微企业成长为创新重要发源地，加强共性技术平台建设，推动产业链上中下游、大中小企业融通创新。

三、激活人才的活力

科技创新需要培养造就一大批具有国际水平的战略科技人才、科技领军人才、青年科技人才、高水平创新团队，从事基础研究、应用研究、技术开发，把基础研究理论知识转化为新材料、新产品、新设备、新工艺。

为激活人才活力，要贯彻尊重劳动、尊重知识、尊重人才、尊重创造方针，深化人才发展体制机制改革，全方位培养、引进、用好人才，造就更多国际一流的科技领军人才和创新团队，培养具有国际竞争力的青年科技人才后备军。健全以创新能力、质量、实效、贡献为导向的科技人才评价体系。加强学风建设，坚守学术诚信。深化院士制度改革。健全创新激励和保障机制，构建充分体现知识、技术等创新要素价值的收益分配机制，完善科研人员职务发明成果权益分享机制。加强创新型、应用型、技能型人才培养，实施知识更新工程、技能提升行动，壮大高水平工程师和高技能人才队伍。支持发展高水平研究型大学，加强基础研究人才培养。实行更加开放的人才政策，构筑集聚国内外优秀人才的科研创新高地。

四、完善科技创新体制机制

深入推进科技体制改革，完善国家科技治理体系，优化国家科技规划体系和运行机制，推动重点领域项目、基地、人才、资金一体化配置。改进科技项目组织管理方式，实行"揭榜挂帅"等制度。完善科技评价机制，优化科技奖励项目。加快科研院所改革，扩大科研自主权。加强知识产权保护，大幅提高科技成果转移转化成效。加大研发投入，健全政府投入为主、社会多渠道投入机制，加大对基础前沿研究支持。完善金融支持创新体系，促进新技术产业化规模化应用。弘扬科学精神和工匠精神，加强科普工作，营造崇尚创新的社会氛围。健全科技伦理体系，促进科技开放合作，研究设立面向全球的科学研究基金。

五、推进制造业和数字经济突破发展

围绕产业链部署创新链，围绕创新链布局产业链，找准关键问题或难点，由国家层面统筹协调先进制造业空间布局，做到有扶有控、分类指导，推动高新技术产业发展迈出更大步伐。

系统布局 5G 移动通信、人工智能、工业互联网等新型基础设施建设，加快推进 5G 基站规模化组网和商业化应用，打造 5G 应用场景。推动数字产业化和产业数字化，推进人工智能、物联网、大数据、区块链、量子计算等新一代信息技术产业与实体经济融合发展。

六、"十四五"科技创新举措

（1）瞄准人工智能、量子信息、集成电路、生命健康、脑科学、生物育种、空天科技、深地深海等前沿领域，实施一批具有前瞻性、战略性的国家重大科技项目。

（2）推进科研院所、高校、企业科研力量优化配置和资源共享。

（3）推进国家实验室建设，重组国家重点实验室体系。

（4）支持北京、上海、粤港澳大湾区形成国际创新中心。

（5）构建国家科研论文和科技信息高端交流平台。

（6）支持企业牵头组建创新联合体，承担国家重大科技项目。

（7）对企业投入基础研究实行税收优惠，支持创新型中小微企业成长为创新重要发源地。

（8）造就更多国际一流的科技领军人才和创新团队，培育具有国际竞争力的青年科技人才后备军。

（9）健全以创新能力、质量、实效、贡献为导向的科技人才评价体系。

（10）完善科研人员职务发明成果权益分享机制。

（11）支持发展高水平研究型大学，加强基础研究人才培养。

（12）改进科技项目组织管理方式，实行"揭榜挂帅"等制度。

（13）加快科研院所改革，扩大科研自主权。

七、"十四五"产业发展举措

（1）促进产业在国内有序转移，优化区域产业链布局，支持老工业基地转型发展。

（2）加大重要产品和关键核心技术攻关力度，发展先进适用技术，推动产业链、供应链多元化。

（3）加强国际产业安全合作，形成具有更强创新力、更高附加值、更安全可靠的产业链、供应链。

（4）加快壮大新一代信息技术、生物技术、新能源、新材料、高端装备、新能源汽车、绿色环保、航空航天、海洋装备等产业。

（5）推动互联网、大数据、人工智能等同各产业深度融合。

（6）推动先进制造业集群发展，构建一批各具特色、优势互补、结构合理的战略性新兴产业增长引擎，培育新技术、新业态、新模式。

（7）加快发展研发设计、现代物流、法律服务等服务业，推动现代服务业同先进制造业、现代农业深度融合，加快推进服务业数字化。

（8）推动生活性服务业向高品质和多样化升级，加快发展健康、养老、育幼、文化、旅游、体育、家政、物业等服务业。

（9）系统布局新型基础设施，加快5G、工业互联网、大数据中心等建设。

（10）完善综合运输大通道、综合交通枢纽和物流网络，加快城市群和都市圈轨道交通网络化，提高农村和边境地区交通通达深度。

（11）加快水利基础设施建设，提升水资源优化配置和水旱灾害防御能力。

（12）推动数字经济和实体经济深度融合，打造具有国际竞争力的数字产业集群。

（13）扩大基础公共信息数据有序开放，建设国家数据统一共享开放平台。

第六章 重点突破的产业领域

第一节 人工智能与科技创新政策

一、"十三五"后重点加强支持人工智能

2016 年 7 月，国务院印发《"十三五"国家科技创新规划》。《"十三五"国家科技创新规划》指出，要"重点发展大数据驱动的类人智能技术方法；突破以人为中心的人机物融合理论方法和关键技术，研制相关设备、工具和平台；在基于大数据分析的类人智能方向取得重要突破，实现类人视觉、类人听觉、类人语言和类人思维，支撑智能产业的发展"。

2016 年 5 月，中共中央、国务院印发了《国家创新驱动发展战略纲要》，提出"发展新一代信息网络技术，增强经济社会发展的信息化基础。加强类人智能、自然交互与虚拟现实、微电子与光电子等技术研究"。

二、新一代人工智能发展规划

人工智能是国际竞争的新焦点，为抢抓人工智能发展的重大战略机遇，构筑我国人工智能发展的先发优势，加快建设创新型国家和世界科技强国，国务院于 2017 年印发了《新一代人工智能发展规划》。其中就明确了我国人工智能"三步走"战略目标。

第一步：到 2020 年人工智能总体技术和应用与世界先进水平同步，人工智能产业成为新的重要经济增长点，人工智能技术应用成为改善民生的新途径，有力支撑进入创新型国家行列和实现全面建成小康社会的奋斗目标。

第二步：到 2025 年人工智能基础理论实现重大突破，部分技术与应用达到世界领先水平，人工智能成为带动我国产业升级和经济转型的主要动力，智能社会建设取得积极进展。

第三步：到 2030 年人工智能理论、技术与应用总体达到世界领先水平，成为世界主要人工智能创新中心，智能经济、智能社会取得明显成效，为跻身创新型国家前列和经济强国奠定重要基础。

三、人工智能组织部署

国家科技体制改革和创新体系建设领导小组：牵头统筹协调审议重大任务、重大政策、重大问题和重点工作安排，推动人工智能相关法律法规建设，指导、协调和督促有关部门做好规划任务的部署实施。

国家科技计划（专项、基金等）管理部际联席会议：科技部会同有关部门负责推进新一代人工智能重大科技项目实施，加强与其他计划任务的衔接协调。

人工智能规划推进办公室：2017 年 11 月 15 日，科技部在京召开新一代人工智能发展规划暨重大科技项目启动会，科技部党组书记、副部长王志刚首先介绍了新一代人工智能发展规划实施的组织推进机制，宣布成立新一代人工智能发展规划推进办公室，由科技部、发展改革委、财政部、教育部、工业和信息化部、交通部、农业部、卫生计生委、中科院、工程院、自然科学基金会、中央军民融合发展委员会办公室、军委装备发展部、军委科技委、中国科协等 15 个部门构成，负责推进新一代人工智能发展规划和重大科技项目的组织实施。办公室设在科技部，具体负责推进规划实施。

人工智能战略咨询委员会：在 2017 年 11 月 15 日科技部召开的新一代人工智能发展规划暨重大科技项目启动会上，宣布成立新一代人工智能战略咨询委员会，为规划和实施重大科技项目，以及国家人工智能发展的相关重大部署提供咨询。

人工智能战略咨询委员会研究人工智能前瞻性、战略性重大问题，对人工智能重大决策提供咨询评估。

四、人工智能发展方向

人工智能是新一轮科技革命和产业变革的核心驱动力。在移动互联网、大数据、超级计算、脑科学等新领域、新技术的驱动下，人工智能加速发展，呈现出深度学习、跨界融合、人机协同、群智开放、自主操控等新特征，正在对经济、社会发展、国际政治经济格局等方面产生重大而深远的影响。

（1）人工智能基础理论主要包括探讨机器学习、逻辑推理、智能计算、智能感知与认知等基础理论与方法。

（2）人机混合智能主要包括知识与数据融合、认知与计算融合、人机协同推理与决策等机理与方法。

（3）群体智能主要包括群体智能的聚合涌现机理、分布式系统协同规划与决策的理论与方法。

五、设立人工智能学院及专业

目前，国内高校加强了人工智能方向的教育和培训，其中有增设人工智能学院的，有设置人工智能专业的，也有开设人工智能相关课程的。2017年国务院印发的《新一代人工智能发展规划》中，也明确将"实施全民智能教育项目，在中小学阶段设置人工智能相关课程"。

六、成立人工智能研究院

人工智能的出现在处理图像、语言识别、机器人研究等方面极大方便了人们的工作和生活。目前，国内人工智能行业也诞生了一些世界一流的企业，包括百度、腾讯、华为、阿里巴巴、平安集团、华大基因、搜狗、科大讯飞、中科创达、珍岛集团等。

也有很多企业专门设立了人工智能研究院，包括奇虎360人工智能研究院、哈尔滨工业大学人工智能研究院、苏州大学人工智能研究院、科大讯飞与广州汽车集团股份有限公司汽车工程研究院共创的人工智能汽车技术创新中心、上海交通大学人工智能研究院、北京前沿国际人工智能研究院、清华大学图灵人工智能研究院等。

七、国家新一代人工智能开放创新平台

新一代人工智能开放创新平台是聚焦人工智能重点细分领域，充分发挥行业领军企业、研究机构的引领示范作用，有效整合技术资源、产业链资源和金融资源，持续输出人工智能核心研发能力和服务能力的重要创新载体。

"开放、共享"是推动我国人工智能技术创新和产业发展的重要理念，通过建设开放创新平台，着力提升技术创新研发实力和基础软硬件开放共享服务能力，鼓励各类通用软件和技术的开源开放，支撑全社会创新创业人员、团队和中小微企业投身人工智能技术研发，促进人工智能技术成果的扩散与转化应用，使人工智能成为驱动实体经济建设和社会事业发展的新引擎[①]。

2018年起，在科技部主导下依托百度、阿里云、腾讯、科大讯飞、商汤集团，建设了自动驾驶、城市大脑、医疗影像、智能语音、智能视觉五家国家新一代人工智能开放创新平台。此后，科技部又公布了一批国家人工智能开放创新平台名

---

① 《科技部关于印发〈国家新一代人工智能开放创新平台建设工作指引〉的通知》，http://www.gov.cn/xinwen/2019-08/04/content_5418542.htm，2022年8月25日。

单。依图科技、明略科技、华为、平安集团、海康威视、京东、旷视科技、360 奇虎、好未来、小米 10 家企业入选。

第二节　新材料产业全球发展特征与趋势

一、全球新材料产业发展格局

全球新材料产业发展迅速，产业规模不断扩大，至 2019 年全球新材料产值达 2.82 万亿美元。各国新材料产业发展各有所长，全球形成三级梯队竞争格局。

第一梯队是美国、日本、欧洲等发达国家和地区，在经济实力、核心技术、研发能力、市场占有率等方面占据绝对优势。

第二梯队是韩国、俄罗斯、中国等国家，新材料产业正处在快速发展时期。

第三梯队是巴西、印度等国家，目前处于奋力追赶的状态。

从全球看，新材料产业垄断加剧，高端材料技术壁垒日趋显现。大型跨国公司凭借技术研发、资金、人才等优势，以技术、专利等作为壁垒，已在大多数高技术含量、高附加值的新材料产品中占据了主导地位。

二、全球新材料产业发展趋势

当前，以新一代信息技术、新能源、智能制造等为代表的新兴产业快速发展，对材料提出了更高要求，如超高纯度、超高性能、超低缺陷、高速迭代、多功能、高耐用、低成本、易回收、设备精良等，新材料的研制难度前所未有。新材料产业向绿色化、低碳化、精细化、节约化方向发展。新材料研发及制备方法创新进程加快。以材料基因工程为代表的材料设计新方法的出现，大幅缩减了新材料的研发周期和研发成本，加速新材料的创新过程。物联网、人工智能、云计算等新一代信息技术和互联网技术的飞速发展，以及新型感知技术和自动化技术的应用，推动新材料产业研发进程不断加快。

三、全球各国向新材料产业给予政策倾斜

近年来，国外主要发达国家针对新材料重点领域出台了相关专项政策，对重点新材料领域实行长期精准扶持和提前战略布局，促进本国新材料产业快速发展，使其纷纷在国际新材料产业中占据了领先地位。

例如，在第三代半导体领域，美国、欧洲、英国、日本、韩国等国家和地区近年来出台了 60 余项政策，总投入 37 亿美元，主要发展电力电子、光电子、微波射频、半导体照明等领域的 SiC 衬底、GaN 射频器件、GaN LED（light-emitting diode，发光二极管）、SiC 和 Si 基 GaN 功率器件、有机发光二极管（organic light-emitting diode，OLED）、电力电子器件等芯片封装材料。

针对重点材料领域，国外积极实施保护本国利益的贸易政策。截至 2020 年 8 月，美国已对约 5500 亿美元中国输美商品加征关税，关税清单中广泛涉及通信、电子、机械设备、汽车、家具等产品，这些产业间接或直接影响到上游新材料企业，尤其是低附加值的材料企业利润将受到较大影响。

发达国家对关键技术和产品的出口不断设置壁垒。2018 年 8 月，美国总统签署了《出口管制改革法案》，同年 11 月美国商务部工业与安全局又提出了一份针对关键技术和相关产品的出口管制框架方案，列出了 14 个考虑进行管制的领域，涉及先进材料技术以及与新材料制备相关的设备、检测仪器等。

四、国内新材料产业发展现状

（一）门类齐全，规模庞大

中国新材料产业的生产体系基本完整，目前新材料产业已形成了全球门类最全、规模第一的材料产业体系。自"十二五"以来，中国新材料产业产值快速扩张，从 2010 年的 0.65 万亿元增长到 2019 年的 4.57 万亿元，逐步建立了以企业为主体、市场为导向、"用产学研"相互结合的新材料创新体系。依托地区资源优势，形成了环渤海、长江三角洲、珠江三角洲、中西部地区、东北地区等新材料产业集群。

（二）新材料科技发展推动产业结构优化

超级钢、电解铝、低环境负荷型水泥、全氟离子膜、聚烯烃催化剂等产业化关键技术的突破，促进了钢铁、有色金属、建材、石化等传统产业转型升级。

新材料为我国航空航天、能源交通、工程建设、资源节约及环境治理等领域一系列国家重大工程的实施提供了不可或缺的物质基础和保障。例如，高性能钢材料、轻合金材料、工程塑料等产品结构不断优化，有力支撑和促进了高速铁路、载人航天、海洋工程、能源装备的"走出去"；第三代铝锂合金成功实现在大飞机上应用等。

五、国内新材料产业政策

（一）国家层面政策

近些年，国家高度重视新材料产业发展，相关部委陆续推出了一系列政策文件，包括：《增强制造业核心竞争力三年行动计划（2018—2020年）》《"十三五"先进制造技术领域科技创新专项规划》《"十三五"材料领域科技创新专项规划》《新材料产业发展指南》《国家新材料生产应用示范平台建设方案》《国家新材料测试评价平台建设方案》《新材料标准领航行动计划（2018—2020年）》《重点新材料首批次应用示范指导目录（2019年版）》等。这些政策的出台大大促进了新材料产业的快速发展。

（二）地方性新材料产业政策

北京、内蒙古、安徽、河北、广东等多个省区市及计划单列市也先后出台了新材料产业指导意见、发展规划、行动计划、实施方案，突出地方特色，推动新材料产业快速发展。

在各地方案中既有大的综合性规划，也有地方特色的专题规划，如河南省出台的《河南省尼龙新材料产业发展行动方案》《安徽省半导体产业发展规划（2018—2021年）》《江苏省增材制造产业发展三年行动计划（2018—2020年）》等，部分地方政府还专门就新材料企业进行认定，尤其是新材料首批次保险补偿机制得到了大力的推广，其中广东、江西、四川、湖南、甘肃、山东、吉林、上海、宁波、厦门等诸多省市出台了地方性保险补偿政策。

六、国内新材料产业发展存在的问题

（1）材料支撑保障能力不强，受制于人问题突出，产业链自主可控性较差。

（2）引领发展能力不足，创新链不通畅，难以抢占战略制高点。

（3）新材料研发投入方式单一，投入不足且分散，原始创新能力弱。

（4）质量技术基础设施建设薄弱，产业支撑体系不健全。

（5）材料评价标准缺失，认证认可质量保障服务不够，尚未建立完善的材料标准体系。

（6）材料检验检测等基础能力较差，检验检测资源优化配置不足，检测能力不足，检测市场机制不完善，检验检测服务能力无法满足产业全面需求，检验检测技术水平和服务能力无法满足国际化需求。

（7）未形成良好的产业发展生态，产业发展环境有待优化。新材料产业创新投融资环境不佳，新材料领域的创新人才缺乏，新材料进出口政策体系和知识产权法律制度不健全。

七、面向2035国内新材料产业发展领域

（一）运载工具领域

在运载工具领域，亟须对重型直升机、高速列车、远程宽体客机、新能源汽车、重型运载火箭、航天器等运载工具所需核心部件及关键材料进行研发，形成核心部件产品自主保障能力。

（二）信息显示领域

集成电路与信息显示是我国电子信息产业的两大基石，是信息领域为数不多的千亿美元级产业，带动力和辐射力极强，在我国国民经济中占有极其重要的战略地位。新型信息技术及产业的发展需要电子信息材料支撑，当前我国电子信息材料研发技术与发达国家存在较大差距。

（三）能源动力领域

以煤炭为主和油气资源紧缺的能源结构，决定了我国国家能源战略发展重点在于发展新一代高效清洁燃煤发电技术和深海油气资源开发技术。先进能源动力系统用特种合金代表国家高端装备核心竞争力，属于国家战略型新材料范畴，是我国抢占技术制高点的重大机遇。核电、油气开发等能源领域重大项目对特种合金、稀土材料、非晶材料、超导材料、复合材料等新材料提出急迫需求。

（四）生命健康领域

随着全球人口老龄化日益加剧，人们对自身健康的关注度不断提高，健康产业进入加速发展时期。生物医用材料的快速突破，将在疾病快速诊断、人体器官修复移植方面为人类带来福祉，对国家的医疗安全、人民健康产生至关重要的影响。

八、我国新材料产业发展重点与发展方向

（一）先进基础材料

先进基础材料领域发展重点及发展方向主要包括先进钢铁材料、先进有色金属材料、先进石化材料、先进建筑材料、先进轻工材料及先进纺织材料等。

（二）关键战略材料

关键战略材料领域发展重点及发展方向主要包括高端装备用特种合金、高性能纤维及其复合材料、新型能源材料、先进半导体材料及芯片制造和封装材料、稀土功能材料、电子陶瓷和人工晶体、先进结构功能一体化陶瓷和功能梯度材料、高性能分离膜材料、新型显示材料、新一代生物医用材料及生物基材料等。

（三）前沿新材料

前沿新材料领域发展重点及发展方向主要包括 3D 打印用材料、超导材料、智能仿生材料、石墨烯材料等。

（四）新材料评价、表征、标准平台建设

新材料评价、表征、标准平台建设主要包括平台基础要素建设与完善、机制建设与完善、平台运行重点任务等重点发展方向。

九、我国新材料产业发展政策及保障措施

（1）构建新材料自主创新体系。
（2）加强新材料数字研发平台、生产应用平台、资源共享平台建设。
（3）构建促进新材料发展的政策体系。
（4）完善新材料标准、测试、表征、评价体系。
（5）培育与新材料产业发展相适应的人才队伍。

第三节　大健康与精准医疗

一、人民健康也是国家的重大战略需求

在教育文化卫生体育领域专家代表座谈会上，习近平总书记强调，"人民健康是社会文明进步的基础，是民族昌盛和国家富强的重要标志，也是广大人民群众的共同追求""研究谋划'十四五'时期卫生健康发展，要站位全局、着眼长远，聚焦面临的老难题和新挑战，拿出实招硬招，全面推进健康中国建设"[①]。《"健康

[①] 《习近平：在教育文化卫生体育领域专家代表座谈会上的讲话》，http://www.gov.cn/xinwen/2020-09/22/content_5546157.htm，2022 年 8 月 25 日。

中国 2030"规划纲要》明确了建设健康中国的大政方针和行动纲领。

中国高端医疗装备 90%依赖进口，是看病贵的主要原因之一。中国医疗器械行业之痛莫过于在高端医疗器械领域失去阵地。长期以来，MRI（nuclear magnetic resonance imaging，核磁共振成像）、CT、PET-CT（positron emission tomography computed tomography，正电子发射计算机断层显像）等技术高度密集的设备，几乎被通用电气、飞利浦、西门子三家跨国企业垄断。这三家跨国企业垄断中国高端医疗设备的 90%，而国内设备的占比不足 10%。在 PET-CT 领域，国内医院更是 100%依赖进口，销售价格和维护费用十分高昂。

另外，医疗设备依赖进口，还存在中国人的影像诊断数据流出国门的巨大风险，而健康医疗大数据也是国家重要的基础性战略资源。

因此，加快推进我国医疗器械科技产业发展，促进医疗器械产业转型升级，是应对主要发达国家全球竞争战略的重大需求。

二、大健康产业概念

大健康产业是提供预防、诊断、治疗、康复和缓和性医疗商品和服务的部门的总称，通常包括医药工业、医药商业、医疗服务、保健品、健康保健服务等领域。大健康产业是世界上最大和增长最快的产业之一。大部分发达国家的医疗消费开支超过了其 GDP 的 10%，由此可见，大健康产业是一个国家国民经济的重要组成部分。

大健康：人们对健康的各种需求，包括身体、精神和环境方面。

大健康产业：涵盖医药、医疗、健康产品、保健食品、康复康养、养老等多个维度，是一个十分庞大而繁杂的产业领域。在这个领域内，涉及医疗、用品、食品、器械、器具、健康管理和咨询等多个细分领域，根据不同的用途、不同的适应环境，不同的应用价值等被划分成了若干个小的领域。

大健康产业分为医疗设备和服务和非医疗设备和服务两大部分。

（1）医疗设备和服务：包括公司实体，如医院、家庭护理提供者、护理之家、医疗设备、医疗用品、医药流通、健康保健服务等。

（2）非医疗设备和服务：包括生物制药、中药、化学药、保健品等相关公司生产的生物技术、制药和其他科研服务。

四大产业群体：以医疗服务机构为主体的医疗产业，以药品、医疗器械以及其他医疗耗材产销为主体的医药产业，以保健食品、健康产品产销为主体的保健品产业，以健康检测评估、咨询服务、调理康复等为主体的健康管理服务产业。

大健康产业所处生命周期：大健康产业处于行业萌芽期，即将迎来快速发展，市场机遇闪现。

大健康产业发展特点：①大健康产业持续较快增长；②中国医疗健康支出指标严重低于世界平均值，未来成长空间巨大；③大健康产业利润率高。

三、中国大健康产业发展现状

新经济投行易凯资本发布的《2022 易凯资本中国健康产业白皮书》报告指出，2021 年中国健康产业规模大约为 10 万亿元[①]。2021 年是中国 Biotech（生物科技）公司大规模商业化的元年，也是创新医疗技术与器械公司商业化爆发的春天。

目前，相对于人们对身体健康的重视，我国大健康产业的发展却还处于初级阶段，有很大的市场上升空间。国家"健康中国"战略就是进一步明确大健康产业地位的国家方略，国家的政策支持大健康产业。

发达国家在大健康产业的重视程度、投入和发展水平远远领先于我国，产业比重超过 15%。而在中国，健康产业仅占国民生产总值的 4%～5%，还有较大的增长空间。

在产业结构方面，发达国家大健康产业分布全面而均衡，而我国大健康产业均衡程度还亟待提高，除医疗和医疗用品外，其他细分领域都处在开发的初级阶段，具备很大的不确定性和可开发性。

中国的医疗仪器市场规模虽已跃至世界第二位，中国高端医疗仪器却严重依赖进口。国际品牌占据了中国 90% 的核磁共振设备市场、90% 的超声波仪器市场、90% 的心电仪器市场、85% 的检验仪器市场、80% 的 CT 市场。仅通用、飞利浦、西门子三公司，共占有着中国近 70% 的高端医疗设备市场。

按地域看，我国大健康产业主要分布于华东地区，而西北和东北地区产业集中度最低。这主要是由于华东地区经济发达，人口密集，对于健康产业的需求度较高。而东北和西北地区都是由于经济发展缓慢，同时相对于华东地区人口较为稀疏，因此大健康产业集中度低。

大健康产业需要生产要素和创新要素更加紧密结合，才能形成产业创新多元化、集约化和融合发展。未来，中国大健康产业将向产品升级、服务升级、主体升级和市场升级方向发展。

产品升级主要表现在健康产品的技术创新和健康产品的生态有机发展。服务升级主要表现在大数据健康服务向大商业健康服务模式的转变。主体升级表现在企业跨界、医院改制、中小企业创业、外商加速布局、基金投资等多领域。市场升级表现在全球化市场到全龄化市场的转变。

---

① 《报告：2021 年中国健康产业规模达 10 万亿元》，https://baijiahao.baidu.com/s?id=1732532871532896044&wfr=spider&for=pc，2022 年 8 月 26 日。

四、"精准医学"重点专项

2016年初和2017年初，国家分别启动了两批国家重点研发计划"精准医学"专项评审工作，落实安排的中央财政经费共计11亿元。在第二批启动的"精准医学"重点专项中，共分五大板块31个项目。

五大板块分别如下。

（1）新一代临床用生命组学技术的研发。

（2）大规模人群队列研究。

（3）精准医学大数据的资源整合、存储、利用与共享平台建设。

（4）疾病防诊治方案的精准化研究。

（5）精准医疗集成应用示范体系建设。

五、中医领域发展

2017年7月1日，《中华人民共和国中医药法》正式施行，这是我国中医药领域第一部基础性、纲领性法律，在法律层面表达国家意志，保障中医药发展。从此，中医药产业发展进入快车道。

2021年中药工业稳步增长，全年营业收入达6919亿元，同比增长12.4%。2021年中药工业利润总额1004.5亿元，同比增长37%。可以说，中医药在为人类健康做出巨大贡献的同时，中医药产业也成了我国新的经济增长点[1]。

近十年是中医药发展进程中极具历史意义的时期。中医药发展国家战略取得重大突破，中医药事业获得长足发展。

六、生物技术与医学研究

生物技术也称为生物工程，是指人们以现代生命科学为基础，结合先进的工程技术手段和其他基础学科的科学原理，按照预先设计改造生物体或加工生物原料，为人类生产出所需产品或达到某种目的的一门学科。近年来，现代生物技术领域的研究和开发取得了显著的成绩。

基因工程药物：目前，大量与人类健康和动物健康密切相关的基因都已得到克隆和表达，诸如胰岛素、生长激素、细胞因子、多种单克隆抗体等基因工程药物已正式生产，并应用于实践。

---

[1]《中医药行业高质量发展已驶入快车道》，https://baijiahao.baidu.com/s?id=1740094365725812828&wfr=spider&for=pc，2022年8月26日。

基因治疗：基因治疗是利用遗传物质治疗或预防疾病——通常是可能危及生命或致人衰弱且治疗选择有限的罕见遗传性疾病。目的是开发出一种一次性疗法，以纠正疾病的潜在遗传原因。基因治疗将人的正常基因或有治疗作用的基因通过一定方式导入人体靶细胞以纠正基因的缺陷或者发挥治疗作用，从而达到治疗疾病目的的生物医学新技术。

基因治疗目前主要是治疗那些对人类健康威胁严重的疾病，包括遗传病（如血友病、囊性纤维病、家庭性高胆固醇血症等）、恶性肿瘤、心血管疾病、感染性疾病（如艾滋病、类风湿等）。截至 2021 年，已有 23 种基因和细胞治疗产品获得美国食品药品监督管理局（Food and Drug Administration，FDA）批准，其中包括对神经肌肉疾病、遗传性失明、某些血液癌症等疾病的颠覆性疗法。

生物信息：生物信息是利用计算机技术研究生物系统的新兴学科，生物识别技术将使数字身份证成为第二张身份证。

可以说，生物信息学是一门整合数学、物理、计算机和生命科学、医学、药学等学科的新兴交叉学科，是与人类基因组研究绑定的、为破译人类遗传密码服务的。科学家通过对基因组信息的获取、处理、加工、分布、分析和解释，就能够从分子水平上了解人的生长发育、疾病发生情况，这是人类生物研究领域的进步，它使得整个生物医学进入了大数据时代。

生物信息研究方向包括：①（基因）序列比对；②蛋白质比对；③基因识别分析；④分子进化；⑤序列重叠群（contigs）装配；⑥遗传密码；⑦药物设计等。

七、脑科学发展

（一）世界各国脑科学研究计划

（1）1989 年，美国政府以立法形式率先推出"脑的十年"计划，投入 140 亿美元。

（2）1991 年，欧洲出台了"欧洲脑十年"计划。

（3）1992 年，中国提出了"脑功能及其细胞和分子基础"的研究项目，并列入了国家的"攀登计划"。

（4）1996 年，日本制定了为期 20 年的"脑科学时代"计划。

（5）1998 年，韩国制定了为期 10 年的"21 世纪脑技术计划"。

（6）在我国，认知神经科学近年来也得到了高度重视。在《国家中长期科学和技术发展规划纲要（2006—2020 年）》中，"脑科学与认知科学"被列为我国科技中长期发展规划的八大科学前沿问题之一。

（二）当代脑科学新进展

（1）分子和细胞水平的神经科学发展迅猛。

（2）感觉信息加工的重大突破——视觉的脑机制。

（3）神经网络的研究进入新的高潮。

（4）发育神经生物学的崛起。

（5）神经和精神疾病的研究进展惊人。

（6）整体和无创伤条件下进行脑研究。

（三）未来神经科学可能的突破性

（1）神经系统的发育，特别是人脑的发育、脑的移植和再生。

（2）神经胶质细胞的功能。

（3）从分子到行为各层次上，阐明学习与记忆的神经基础。

（4）神经系统与免疫系统的关系。

（5）精神病和神经系统疾病的机理与防治。

（6）脑神经回路网络特有的组织结构及其神经信息处理的机制。

（7）人工智能型计算机系统的开发和研制等。

八、互联网大健康发展

（一）互联网大健康

以互联网为载体，实现医疗、医药、医保等多个环节在线化、智能化，主要包括互联网医疗（在线问诊、在线挂号、健康管理、互联网医美、母婴医疗、疫苗接种、互联网心理等）、医药电商、运动健身等业态。

（二）互联网健康发展难点

1. 远程医疗制约

2014 年发布的《卫生计生委关于推进医疗机构远程医疗服务的意见》规定"非医疗机构不得开展远程医疗服务""医务人员向本医疗机构外的患者直接提供远程医疗服务的，应当经其执业注册的医疗机构同意，并使用医疗机构统一建立的信息平台为患者提供诊疗服务"。这在一定程度上限制了互联网医疗的发展。

2. 处方药未解禁

医疗机构是处方药的主要销售机构，在国内药品终端销售收入中，超过80%的药物为处方药，因为新型农村合作医疗、医疗保险等医疗保障体系与网上药店不能对接，医保卡在网上药店购买药物时不能使用，也限制了零售药店（包括网上药店）的销售增长。

3. 缺乏医保支撑

目前的互联网医疗行业缺乏行业标准，无保证信息真实可靠的机制以及认定行为责任的机制，这被称为互联网医疗发展的最终限制。当务之急是研究制定与之相关的法律法规，明确互联网医疗信息甄别监管机制、互联网医疗适用范围和诊疗规范，以保证互联网医疗进入医保后，保险公司与医保部门有能力进行费用管控。

（三）互联网健康产业细分

1. 移动端

医前智能问诊平台：提供精准的医疗匹配服务，帮助用户避免盲目就医或延误就医。

智能健康设备平台：个人健康监控管理。

健康云医院：预约挂号，在线诊疗，电子处方，在线配药。

2. PC 端

医疗搜索：医疗信息查询，医疗知识普及。

健康大数据平台：运用人工智能技术处理这些数据，帮助人们做健康管理。

药品电商O2O：医药网、网上药房及药房网站。

第四节　新能源与新能源汽车

一、世界主要国家/地区能源技术发展战略与政策

为应对全球气候变化和确保能源安全，许多国家和地区开始寻求向低碳发展模式转变，制定相应的发展战略、行动计划和政策措施。可再生能源和清洁能源技术成为主要发展方向，除了部署氢能、核能等技术外，节能和储能技术也备受

关注。欧盟、英国、美国等在低碳领域积极创新、探索前沿技术，以此来抢占未来低碳经济科技制高点[①]。

（一）欧盟——注重碳减排，大力发展可再生能源技术

一直以来，欧盟致力于引领世界低碳能源技术的发展，其绿色技术产业领先全球，也是主要先进能源技术输出地区之一。为保持欧盟地区的能源技术地位，激发更大潜力，欧盟相继公布落实 2030 年碳减排目标的一系列措施。2020 年 10 月，欧盟首份限制甲烷排放的纲要性草案——《欧盟甲烷减排战略》将能源、农业和废弃物处理列为甲烷减排的重点对象，尤其侧重能源领域甲烷的排放和泄漏问题。2021 年 7 月，欧盟委员会就应对气候变化提出了名为"Fit for 55"的一揽子提案，旨在将其净零排放气候目标转化为具体行动。提案涉及气候、能源、交通运输、税收等多个方面，预计这些政策组合将引发欧盟能源、交通等诸多行业的重大变革。

2020 年底，欧盟委员会发布《海上可再生能源战略》，提出了欧盟海上可再生能源的中、长期发展目标。为助力欧盟实现 2050 年碳中和目标，该战略提出到 2030 年海上风电装机容量从当前的 12 吉瓦提高至 60 吉瓦以上，到 2050 年进一步提高到 300 吉瓦，并部署 40 吉瓦的海洋能及其他新兴技术（如浮动式海上风电和太阳能）作为补充。欧盟将向海上风能投资近 8000 亿欧元，约 2/3 用于电网基础设施建设，另外 1/3 用于发电设施建设。此外，欧盟还将支持海上风电全产业链建设，在推动零部件生产制造工业的同时，也推动岸上港口基础设施的建设。

2021 年 7 月，欧盟委员会在"创新基金"资助框架下投入 1.22 亿欧元，支持推进低碳能源技术商业化发展。其中 1.18 亿欧元用于资助 14 个成员国的 32 个低碳技术小型创新项目，支持能源密集型工业脱碳、氢能、储能、碳捕集和可再生能源等领域创新技术的迅速部署，涉及行业包括炼油、钢铁、造纸、玻璃、食品、电力、交通等。另外 440 万欧元将支持 10 个成员国的 15 个技术成熟度较低的低碳项目，包括可再生能源、绿氢生产、零碳交通、储能、碳捕集等，旨在推进其技术成熟以便在未来获得"创新基金"的进一步支持。此外，欧盟委员会根据欧盟国家援助规则批准了法国支持可再生电力生产的援助计划。该计划将在 2021 年至 2026 年期间援助可再生能源装机容量共计 34 吉瓦，包括水电、陆上风电、地面太阳能、建筑屋顶太阳能、创新太阳能、发电自用太阳能和技术中性可再生能源在内的七类能源项目。该措施的总预算约为 305 亿欧元。

[①] 邱丽静：《世界能源前沿技术发展趋势及热点追踪（2021）》，https://news.bjx.com.cn/html/20211011/1180921.shtml，2022 年 8 月 23 日。

（二）英国——打造零碳能源系统，聚焦核能减碳

2021 年 4 月，英国宣布了更为激进的气候目标，即到 2035 年，将英国的二氧化碳排放量在 1990 年基础上减少 78%，比原计划提前了近 15 年，此举将确保其对气候变化的贡献，并与《巴黎协定》的温度目标保持一致，将全球变暖限制在 2 摄氏度以下，并朝着 1.5 摄氏度努力。在英国的零碳愿景中，核电作为一种低碳能源，将在能源体系中占据重要地位。

2021 年，英国针对核能减碳、核能制氢、能源安全等问题相继发布多份报告，聚焦核能在减碳方面的关键作用。英国国家核实验室发布的《英国能源系统建模报告》指出，从发电角度看，将核能排除在能源组合之外会导致电网容量大幅增加，造成发电与输电成本上升；从氢能角度看，核能制氢是一种目前少有的高产量、低成本和低碳制氢技术路线；从区域供热角度看，当小型模块化轻水反应堆等大规模部署在城市时，核能供热是一种非常具有成本效益的选择。英国核能部门协议创新小组在《解锁英国核能制氢经济以支持净零排放》报告中也提出了一系列核能制备零碳氢的建议，指出需要激活整个核能制氢产业链；为更广泛的需求侧技术创新提供支持；加速核能制氢技术的部署；制定全面选址战略，以确保推动核能升级；确保相关技术在商业化过程中能够获得融资。2021 年 8 月，英国商业、能源与工业战略部发布"下一代核电反应堆"计划，其中提出将投资 1.7 亿英镑用于研究"先进模块堆"示范计划，力争未来十年内将最新核电技术投入应用，并利用最新核电技术制取低碳氢气，位于英国英格兰地区的 Sizewell C 核电站将是首个核电制氢试验基地。

（三）德国——加快能源绿色转型，稳步推进国家氢能战略

德国是全球实施能源转型最为积极的国家之一。2021 年 5 月，德国宣布将实现碳中和的时间从 2050 年提前到 2045 年。在参与欧盟碳市场的情况下，德国还于 2021 年 1 月 1 日启动了全国燃料排放交易体系，以减少供暖和运输部门的二氧化碳排放。到 2022 年，汽油、柴油、燃料、液化石油气和天然气将成为该交易体系的一部分，其他燃料将逐渐包含在系统中。德国政府计划为能源转型提供巨大的经济补贴。以钢铁行业为例，2021 年 5 月，德国宣布将筹集至少 50 亿欧元用于 2022 年至 2024 年钢铁行业的转型补贴。

为了促进绿氢市场的规模化发展，德国在 2020 年 6 月发布了《国家氢能战略》。在《国家氢能战略》中德国推出 38 项具体措施，主要涉及氢能相关科研。2021 年以来，德国围绕氢的研发和应用推出了一系列举措，政府资助总额超过 87 亿欧元。2021 年 1 月，德国联邦教研部投资 7 亿欧元启动三个氢先导研究项目"H2Giga""H2Mare""TransHyDE"，分别探索水电解器批量生产、海上风能制氢和氢气安全

运输问题，重点解决氢经济发展中的技术障碍，特别是降低大量生产和运输氢的成本。2021 年 2 月，德国联邦教研部发布了新的科研资助指南，即"绿氢国际未来试验室"，希望吸引该领域国际顶尖人才来德国工作。2021 年 3 月，德国联邦教研部推出"绿氢国际研究合作"框架，资助 1500 万欧元推动德国在绿氢研发领域的国际合作。首批项目的合作伙伴是新西兰，重点是绿氢不同的生产、供应和运输方法。2021 年 5 月，德国宣布将提供 80 亿欧元资助 62 个大型氢能项目。这些项目覆盖整个氢能市场价值链，包括氢能生产、运输以及工业等领域应用。德国联邦经济部资助其中的 50 个项目，包括用于生产绿氢的 2 吉瓦的发电站建设和长度约 1700 千米的氢运输管道建设。

（四）日本——部署新兴清洁能源技术，大力发展零排放技术

2020 年 10 月，日本宣布到 2050 年温室气体净零排放的计划，迈出了低碳转型第一步。日本实现净零排放目标的关键在于进一步部署可再生能源和新兴清洁能源技术。2020 年 12 月，日本发布了《绿色增长战略》，明确了实现 2050 年碳中和的方向之一，就是推进氢能源利用，包括加速运输和产业部门的氢能利用，将成本降到与化石燃料相同的水平；在不得不使用化石燃料的情况下，要极力促进二氧化碳的回收和再利用。2021 年 7 月，日本经济产业省（Ministry of Economy, Trade and Industry, METI）宣布将其此前发布的《绿色增长战略》更新为《2050 碳中和绿色增长战略》。新版战略指出，需大力加快能源和工业部门的结构转型，通过调整预算、税收优惠、建立金融体系、进行监管改革、制定标准以及参与国际合作等措施，推动企业进行大胆投资和创新研发，实现产业结构和经济社会转型。新版战略主要将旧版中的海上风电产业扩展为海上风电、太阳能、地热产业，将氨燃料产业和氢能产业合并，并新增了新一代热能产业。

日本积极向"零排放"时代迈进。2021 年 6 月，日本新能源产业技术综合开发机构（The New Energy and Industrial Technology Development Organization, NEDO）宣布将在碳捕集、利用与封存（carbon capture, utilization and storage, CCUS）研发/示范框架下启动三个研发主题，支持大规模低成本二氧化碳船运技术的研发和示范，旨在建立全球首个二氧化碳综合运输系统，推进到 2030 年实现 CCUS 系统的广泛应用。项目执行期为 2021～2026 年，总预算为 160 亿日元。NEDO 宣布将在"碳回收和下一代火力发电等技术开发"计划框架下新增两个研发主题，支持开发以二氧化碳为原料的液体合成燃料一体化生产技术，以降低汽车及飞机的温室气体排放。

（五）美国——开发清洁低碳技术，加速能源技术商业化发展

近年来，美国重点聚焦清洁低碳能源技术，以推进国家电力和能源系统的清

洁低碳转型，助力政府实现 2035 年的 100%清洁电力目标和 2050 年的净零排放愿景。2021 年 6 月，美国能源部宣布为 68 个项目提供超过 3000 万美元的联邦资金和超过 3500 万美金的私营部门资金，这些项目将加速清洁能源、先进制造技术、建筑节能、新一代材料等有前途的能源技术的商业化。当前美国最新能源技术创新主要包含以下四个方面。

一是氢能技术攻关。美国能源部宣布投入 5250 万美元资助 31 个氢能项目；美国参议院通过了总规模 1 万亿美元的基础设施投资和就业法案，其中的数十亿美元将用于开发、补贴和加强氢相关技术和产业；美国能源部推出"能源攻关计划"（Energy Earthshots Initiative）加速低成本清洁氢能发展，目标是在 2021 年到 2030 年的十年内使清洁氢成本降低 80%至 1 美元/千克，以加速氢能技术创新并刺激清洁氢能需求。

二是先进核能技术攻关。美国能源部资助 6100 万美元支持先进核能技术研发，旨在整合高校、企业和国家实验室的研究力量联合开发先进的核能技术。

三是生物燃料技术与地热技术攻关。交通运输领域约占美国能源消耗总量的 30%，在温室气体排放量中占最大份额。应用生物燃料有助于航空等难以电气化的运输部门实现脱碳，对于美国 2050 年净零排放目标的实现将发挥重要作用。2021 年以来，美国多次提出对生物燃料进行资金支持，美国能源高级研究计划署（Advanced Research Projects Agency for Energy，ARPA-E）斥资 3500 万美元支持先进生物燃料技术研发，旨在整合高校、企业和国家实验室的研究力量联合开发先进的生物质转化燃料技术；为 11 个生物能源项目的研究和开发提供近 3400 万美元的资金，这些项目主要是利用城市固体废物和藻类生产生物燃料、生物能源和生物产品。此外，美国能源部还宣布在地热能前沿观测研究（Frontier Observatory for Research in Geothermal Energy，FORGE）计划框架下投入 4600 万美元，支持 17 个增强型地热系统（enhanced geothermal system，EGS）前沿技术开发项目。

四是储能技术攻关。美国采取行动重塑电池关键供应链体系。其中，针对大容量电池，美国能源部的目标是实施为期 10 年的发展计划，旨在打造能够支撑电动汽车发展需求的本土化电池供应链。美国能源部投入 7500 万美元成立"电力储能工作站"（Grid Storage Launchpad，GLS）的国家级电力储能研发中心，旨在整合学术界和产业界的研究力量，加快推进先进的、电网级别的低成本长时储能技术研发和部署工作，以并网消纳更多的可再生能源，推进美国电网现代化，有效应对日益增长的电动汽车电力需求。GLS 研发中心预计于 2025 年建成投入运营。中心将设立 30 个独立研究实验室，其中一些实验室专门负责测试工作，即在现实的电网条件下对新开发的电力储能设施原型和电网储能技术的性能与经济性开展测试评估。GSL 还将设立相应的孵化器，加速新开发技术或者设备商业化应用进程。

（六）俄罗斯——从资源依赖型转向资源创新型

俄罗斯是传统能源生产与出口大国，油气是其长期以来经济发展和财政收入的支柱性产业。在全球应对气候变化、推动能源结构转型以及西方制裁的大背景下，俄罗斯加速向"资源创新型发展"的经济结构转型，能源战略也发生了相应的变化，其转型主要动力源自政策推动和技术进步，基础性技术有分布式能源、数字化、低成本能源储存、可再生能源、氢能技术等，其中氢能作为能源行业重点部署方向之一，有望成为俄罗斯下一个重大出口选择。

2020 年 6 月俄罗斯通过《2035 年能源战略》，设定目标力争成为世界领先的氢生产国和出口国之一。根据该战略，俄罗斯氢出口目标是到 2024 年达到 20 万吨，到 2035 年达到 200 万吨。为了达成该目标，2020 年 10 月通过的《2024 年氢能发展路线图》对俄罗斯天然气工业股份公司（Gazprom）和俄罗斯国家原子能公司（Rosatom）委以重任。路线图强调了俄罗斯在氢能方面的明显竞争优势并明确了氢能发展重点工作。近年来，Gazprom 一直在研究将氢气混合到天然气管道中出口至欧洲。Gazprom 宣布其即将开通的通往德国的 Nord Stream 2 海底天然气管道的两条管线之一可能在大约十年内实现氢气运输。对俄罗斯而言，发展氢能符合欧洲碳中和政策，可以通过向欧洲提供蓝氢来弥补潜在的对欧天然气出口量和出口收益下降，保持俄罗斯在欧洲能源市场的地位和出口收入。Gazprom 计划 2023 年开始在气田附近生产蓝氢。由于俄罗斯国内能源仍将由油气满足，其生产的氢将全部用于出口。根据俄罗斯政府 2021 年 4 月公布的规划，到 2030 年，俄罗斯将力争在全球氢市场拥有 20% 的市场份额，成为全球最大的氢出口国；到 2050 年，俄罗斯氢出口量将达到 3340 万吨/年，价值将超过 1000 亿美元。据媒体报道，2021 年俄罗斯与德国考虑建立氢能伙伴关系，德国计划为跨国合作的氢能项目拨款 20 亿欧元。

核能开发利用是俄罗斯能源战略的另一重要环节。2021 年 1 月，俄罗斯成立开发新一代核技术联盟，以开发新一代核能技术，包括闭式核燃料循环技术、快堆、用于先进能源技术的新材料和核电站创新项目。同时俄罗斯十分关注核能制氢。Rosatom 提议在科拉核电站建立一个基础设施，用于测试与核能制氢相关的技术。科拉核电站制氢项目在未来几年有可能提高核电站装机容量的使用效率，扩展产品线，开发基于兆瓦级反应堆的制氢以及氢的贮存、运输和使用技术。此外，Rosatom 不断扩大其在 40 多个国家的业务。Rosatom 还在其核心业务以外的领域开发新产品和技术，包括核医学、激光、机器人、超级计算机和风力发电，其目标是到 2030 年将这些新产品的收入增至总收入的 40%。

二、全球能源技术发展方向

能源科技是当今科技创新最主要和最活跃的领域之一。在油气、氢能、储能、核聚变能等方面都有可能出现颠覆性新技术，不论哪一种颠覆性技术出现，都会极大地改变世界能源供需格局[①]。

（一）油气领域的颠覆性技术

水平井多段清水压裂技术将使页岩油气实现经济有效的开采。这一颠覆性技术会极大地改变全球能源格局。应用物理与化学相结合的方法，对低成熟度页岩油、稠油进行原位改质，这有可能是继"页岩革命"之后的另一次革命。一旦这一颠覆性技术取得成功，又一巨大油气资源将得以经济、有效地开发和利用。纳米技术和新材料也有可能催生出颠覆性的油气提高采收率技术，如地下纳米机器人驱油和地下油水分离技术等。多用途激光工具与钻井技术结合，或许可以颠覆传统的钻井方式，即由激光熔融替代机械破岩，提高钻井效率。

（二）氢能源技术

氢能源技术在能源领域产生颠覆性影响的关键在于低成本、高性能的氢燃料电池技术和低成本、高效率的工业化制氢技术。近年来，世界各国都已认识到氢能作为二次能源在能源转型中的重要性，很多国家都高度重视氢能源产业的发展，把氢能源产业提升到国家能源战略的高度，制定氢能发展战略，并出台促进其发展的扶持政策。一旦借助石墨烯、纳米超材料等新材料的电解制氢技术取得重大突破，氢燃料大规模甚至完全替代化石燃料将是有可能的。随着新材料聚合物电解质膜燃料电池技术的成熟和相关基础设施的完善，以氢能为动力的汽车、火车和轮船等将替代燃油机动车成为主要的交通工具。欧洲已经开展不少天然气管道掺输氢气的试验项目，以期为氢产业大规模发展做好准备。

（三）储能技术

储能技术被称为"能源革命的支撑技术"，在很多方面都将发挥重大的作用。①对于电力系统而言，储能可为电网提供调峰调频、削峰填谷、黑启动、需求响应支撑等多种服务，提升传统电力系统的灵活性、经济性和安全性。②在可再生能源开发方面，储能可显著提高风电和太阳能发电的消纳水平，支撑分布式电力及微网。随着分布式光伏、小型生物质能源、天然气冷-热-电三联供、燃料电池

---

① 金之钧、白振瑞、杨雷：《能源发展趋势与能源科技发展方向的几点思考》，《中国科学院院刊》，2020年第35卷第5期，第576~582页。

等分布式能源技术的日益成熟，以及相关的储能、数字化等技术的进展，分布式能源未来还将获得更加迅猛的发展。③在交通方面，储能将在能源互联互通、融合新能源汽车在内的智慧交通网络方面起到关键作用。有可能给能源行业带来颠覆性影响的是基于新材料的新型电池储能技术，如石墨烯超级电容器、碳纳米材料自储能器件、超导电磁储能技术等。如果低成本高效率的储能技术出现并投入大规模商业化应用，将极大地促进可再生能源的发展，使新能源交通工具大规模甚至完全替代燃油交通工具。

（四）可控核聚变技术

核聚变能是人类理想中的终极能源，具有诸多优势。可控核聚变的主流技术方案主要有两种，即磁约束核聚变（magnetic confinement fusion，MCF）和惯性约束核聚变（inertial confinement fusion，ICF）。

目前，世界上的核聚变相关研究计划比较多，如 ITER 计划、美国国家点火装置（National Ignition Facility，NIF）、美国悬浮偶极子试验装置（Levitated Dipole Experiment，LDX）、美国 Z 箍缩惯性约束聚变能（Z-Pinch Inertial Fusion Energy，Z-IFE）装置、美国劳伦斯维尔等离子体物理学（Lawrenceville Plasma Physics，LPP）研究项目、美国反场构型实验（Field Reversed configuration eXperiment-Line，FRX-L）研究项目、加拿大通用聚变公司（General Fusion）磁化靶聚变能（magnetized target fusion energy）项目、欧洲高功率激光能源研究（High Power Laser for Energy Research，HiPER）计划和德国马克斯·普朗克等离子体物理学研究所（Max Planck Institute for Plasma Physics，IPP）建造的 Wendelstein 7-X 装置（实验性仿星器受控核聚变装置）。

中国于 2007 年正式加入 ITER 计划，同时也在大力推动国内的核聚变科学技术研究，已经圆满完成了中国聚变工程实验堆（China Fusion Engineering Test Reactor，CFETR）概念设计，目前正在开展工程设计。中国环流器二号 A 装置（HL-2A）和全超导托卡马克核聚变实验装置（Experimental Advanced Superconducting Tokamak，EAST）等大科学装置也先后建成，多项物理实验研究成果居于世界前列。HL-2A 在国内首次实现了偏滤器位形放电、高约束模式运行。2017 年 7 月，EAST 在世界上首次实现了 5000 万度等离子体持续放电 101.2 秒的高约束运行，再次创造了磁约束核聚变研究新的世界纪录[1]。

---

① 中国国际核聚变能源计划执行中心：《人造太阳计划：和平利用聚变能》，《国际人才交流》，2019 年第 9 期，第 8~10 页。

第五节　海　洋　科　技

一、未来海洋科技发展的方向

进入 21 世纪，海洋愈加成为国际社会关注的焦点，在全球竞争中的战略地位日趋突出。世界海洋大国和国际组织纷纷从战略层面进行海洋科技战略谋划布局[①]。

为此，中国也要从国家战略层面对海洋科技发展进行部署，重点为以下几个方面。

（1）聚焦近海环境问题，加强海洋可持续发展研究部署。

（2）围绕全球重大海洋问题，部署综合性国际研究计划。

（3）加强北极研究部署，拓展我国在北极地区的影响力。

（4）发展先进海洋技术，支持深海大洋科学考察和研究。

二、重要海洋科学问题

在 2021 世界海洋科技大会开幕式上，2021 年十大海洋科学问题和工程技术难题正式发布[②]。

这十大科学问题分别是：气候变化信号如何进入海洋深部；如何前瞻性开展海源性疫病风险评估与防控；近海蓝碳关键过程和演变趋势是什么，如何构建其评估体系；板块俯冲是如何起始的；如何认识及应对海洋脱氧；如何实现对深海难培养微生物的分离；影响海洋工程装备性能及安全的关键因素及其相互作用是什么；如何发展绿色长效防污技术，控制海洋工程设施的生物污损；如何监测和治理近海复杂环境基质下多种污染物；风—浪能联合开发中关键工程技术问题有哪些，如何解决。

三、中国海洋科技进展

2022 年 2 月，中国海洋学会联合中国太平洋学会、中国海洋湖沼学会、中国航海学会、中国指挥与控制学会评选出 2021 年中国十大海洋科技进展，（排名不

---

① 李晓敏：《美国海洋科学技术未来十年发展重点及对我国的启示》，《全球科技经济瞭望》，2019 年第 35 卷第 9 期，第 1~8 页。

②《2021 年十大海洋科学问题和工程技术难题发布》，https://m.gmw.cn/baijia/2021-10/29/35270982.html，2022 年 8 月 26 日。

分先后）[1]。

（1）北极海冰-海洋动力遥感协同观测与航道保障应用。

（2）我国首套深海矿产混输智能装备系统"长远号"海试成功。

（3）海洋古菌新门的发掘及其功能演化。

（4）海洋极端环境微生物独特生命特征及环境生态效应机制。

（5）新型海洋微波遥感探测机理模型与信息提取技术。

（6）国产全平台远距离高速水声通信机突破全球最高指标。

（7）海上风电新型桩-桶复合基础研发及其工程应用。

（8）我国主持制定的首项海洋调查国际标准发布。

（9）我国自主完成北极高纬密集冰区国际首次大规模海底地球物理综合探测。

（10）自主质量守恒海洋温盐流数值预报模式（妈祖1.0）研制与应用。

第六节　量　子　科　技

量子信息技术：量子信息技术是量子物理与信息技术相结合发展起来的交叉学科，主要包括量子通信和量子计算两个领域。

量子通信能够实现信息的安全传输，而量子计算可以用来解决一些传统经典计算机所解决不了的问题。以量子计算、量子通信和量子测量为代表的量子信息技术已成为未来国家科技发展的重要领域之一，世界科技强国都对其高度重视。量子信息技术被公认为是最有可能颠覆现有计算、测量、通信等技术领域的核心技术之一。

量子保密通信：量子保密通信是利用量子力学基本原理和"一次一密"加密体制来实现信息安全传递的一种全新的保密通信方法。

随着"墨子号"量子科学实验卫星的升空，"京沪干线"广域量子通信网络工程的建设，中国在量子安全通信技术和量子城域网建设上已处于国际领先水平。未来，量子通信将不仅仅是一种全新的加密通信手段，还将是新一代信息网络安全解决方案的关键技术，将成为越来越普遍的电子服务的安全基石，成为保障未来信息社会可信行为的重要基础之一。

量子精密测量：量子精密测量作为量子信息领域的一个重要组成部分，通过量子操控实现对磁场、惯性、重力、时间等物理量的超高精度测量，突破传统测量方法的理论极限，已成为精密测量技术的一个重要发展方向，成为世界各强国

---

[1]《2021年中国十大海洋科技进展揭晓》，https://www.mnr.gov.cn/dt/hy/202202/t20220225_2729396.html，2022年8月26日。

高度关注的又一热点高技术领域。

国家重点研发计划"地球观测与导航"重点专项部署了"原子陀螺仪""原子磁强计""芯片原子钟"等项目为量子精密测量的发展提供支持。

量子计算机：量子计算机有望以现有超级计算机数百万倍的速度进行复杂计算。通用量子计算机一旦实现，将对通信安全、导航、成像以及人工智能、生物制药、新材料研发等诸多领域产生颠覆性影响，带来国家安全和社会经济发展的极大变革。

量子计算芯片：量子计算芯片是量子计算机的核心部件，其发展水平也代表了量子计算机的进展情况。中小型量子计算处理器是重要的发展方向之一。

第七节　未来芯片

芯片技术是衡量一个国家科技发展水平乃至综合国力的根基性和先导性指标，也是各国激烈争夺的战略制高点。随着摩尔定律走向终结，人工智能、物联网、大数据处理及其相关应用提出了更高的性能要求，半导体产业亟须转型升级，芯片架构、材料、集成、工艺和安全方面的创新研究成为新的突破方向。

专业机构 IC Insights 的报告显示，目前，全球领先半导体供应商排在前列的依然是欧美日韩企业。中国只有台湾的台湾积体电路制造股份有限公司（简称台积电）上榜，无大陆企业（按销售额）。前十强分别是三星、英特尔、台积电、SK海力士、美光、高通、英伟达、博通、联发科、德州仪器[①]。

由于传统芯片受制于摩尔定律，当前已经达到了物理极限，因此，中国几乎没有办法在这一技术领域实现弯道超车。而光量子芯片等可以绕开光刻机，从而实现弯道超车的可能。未来芯片可依据其技术特点分为以下细分领域：①光子芯片；②可重构计算芯片；③新型存储芯片；④类脑计算芯片；⑤柔性芯片；⑥微系统芯片。

---

① 《955 亿美元的半导体市场：三星 203 亿美元、英特尔 193 亿美元、台积电 133 亿美元、海士力 92 亿美元》，https://cj.sina.com.cn/articles/view/3172142827/bd130eeb01900uekn?autocallup=no&isfromsina=no&display=0&retcode=6102，2023 年 5 月 23 日。

他山之石：
国际科技强国经验

第三篇

第七章　美国的经验

美国是当今世界头号科技强国。在诺贝尔奖以及其他奖项得主的数量、科学论文的数量及引文质量、海外学生数量、大学创办高技术公司的数量等方面，美国都排在世界第一的位置。二战期间以及冷战期间，在美国产生了一系列最前沿的新技术。这些新技术不仅促进了美国经济增长，也推动了世界经济和社会的发展。电子计算机、商用运输机、半导体、固体电子仪器、集成电路、核能、激光、卫星通信、微波通信、雷达的应用（如导航控制）、抗生素、杀虫剂、新材料（如高强度铁合金、钛、高温陶瓷、光纤强化塑料、复合材料）、金属制造和加工的新方法（如数控机床）以及今天广泛应用的互联网等，都是在美国率先产生的。

然而，在 20 世纪 40 年代，美国在很多领域还远远落后于德国、英国，甚至落后于法国。尤其在 20 世纪 30 年代以前，美国最聪明、最有抱负的年轻人都会远到德国像海德堡、莱比锡和哥根廷这样的城市中的大学去攻读博士学位[①]。

美国赶超其他科技强国经验，值得我们认真研究和学习。

第一节　早期的科技创新体系发展

一、《莫利尔法案》的影响

作为一个移民国家（或殖民地国家），在美国独立伊始，其科技主要来源于欧洲。美国的科技就是在与欧洲科学交流的过程中，慢慢成长，并渐渐独立。

18 世纪到 19 世纪，美国产生了像本杰明·富兰克林对电荷的研究、亨利对电磁学的研究等真正意义的科学贡献。这个时期，美国科学家的人数和水平还处于很低的水平，无法与同一时期英国等国家相比。而美国早期的大学除了哈佛大学（1636 年）、耶鲁大学（1701 年）等仿照英国古老的传统而建立起来以外，大部分是面向地方实际需要而建立的。19 世纪初，公立大学（州立大学）开始发展。

---

① 樊春良：《美国是怎样成为世界科技强国的》，《学术前沿》，2016 年第 16 期，第 38~47 页。

美国科学真正发展,还要从 1862 年美国国会通过的《莫利尔法案》(The Morrill Act)开始。美国开始建立赠地学院(land grant college),主要开设农业和机械等应用学科,并成为州立大学的重要组成部分。直到 1876 年,约翰斯·霍普金斯大学成立,并把研究生教育和学术研究放在第一位,美国大学进入一个新时代。19 世纪 70 年代,鼓励教师从事学术研究以及通过研究培养学生成为许多大学的做法,研究作为教育的价值得到充分的实现。

随着研究型大学的发展,科学在美国大学得到成长。到 1907 年,美国诞生了第一位诺贝尔物理学奖获得者——迈克尔逊。到 20 世纪 20 年代,美国的研究型大学现代形态已经成型。到 20 世纪 30 年代,美国科学技术在某些领域已经具有优势,例如,物理学已开始取得世界性声誉,出现了密利根、康普顿等一批世界级的科学家。

二、研究型大学的贡献

美国研究型大学在 20 世纪前 40 年占据美国高等教育的主导地位,并且在 20 世纪后来的岁月保持和光大,不仅成为科学和教育发展的主导力量,而且极大地影响了美国的经济和社会发展。

美国的大学有着自己独特的特点:第一个特点是美国大学是一个高度分立化的竞争系统。分散化带来的结果就是大学之间的竞争,不仅私立大学之间、州立大学之间存在着竞争,而且州立大学也必须与私立大学竞争。这促进了大学的学术发展,也推动了科学的发展。第二个特点是实用化。美国大学是积极响应地方经济和工业发展需求而发展的,大学的发展与工业的发展相伴相随。新的工程学科围绕新兴产业的发展在大学里体制化,使大学与新兴产业发展联系在一起。由于以上特点,美国大学的突出特点是对其经济和社会环境变化有更快和更大范围的响应。

三、工业研究实验室的作用

工业研究实验室开始于 19 世纪末期德国的化学工业,是按企业的经营战略在企业内部建立起的研发机构,目的是从事与企业发展相关的研发活动。随后,美国的柯达、通用电气、杜邦、贝尔电话公司等企业也在 19 世纪末至 20 世纪初陆续建立了自己的工业研究实验室。工业研究实验室的建立,标志着工业技术的发明摆脱了完全依赖于个体发明家的局面,使创新成为一个可以自我持续发展的系统。到 20 世纪中期,美国在化学、橡胶和石油、电学等工业领域建立了大批研究室，如著名的杜邦、AT&T、通用电气等。到 1930～1940 年，工业研究实验室已经成为美国的创新主体，此期间整个研发经费投入的比例为：政府约占 30%，企业约占 70%。

工业研究使得科学技术的发展内生于经济的发展之中，新知识的产生与新知识的应用有机地结合在一起。同时，工业研究的建立也使得企业与大学、研究所建立起平等的交流和合作关系，不仅使企业可以更广泛而有效地获得外部科技资源，增强企业的生存和发展能力，也从整体上使得国家科技系统成为健全和有效的系统。以大学和工业研究实验室为主体的科技创新体系，以市场竞争机制为基础，积极响应经济发展和社会的发展需要，具有高度的灵活性，体系内部有着自然的联系和充分的流动性，强调自下而上的首创精神，为后来美国科学技术的更大发展奠定了基础。

第二节　二战后美国科技创新体系的发展

一、二战和冷战促进政府主动参与科技创新活动

二战对美国的科学技术发展产生了深远的影响。战争期间，原子弹、雷达、青霉素等发明帮助美国赢得战争的胜利，令人信服地向世人显示出科学技术的巨大威力。这些突出成就的主要原因是政府广泛动员了大学、企业等全国民间的科技力量参与，建立了一个全国的创新体系，把实验室的研究、大规模的生产、战场上的战术和指挥部的战略结合到了一起。战争期间取得的科学研究组织和管理经验为战后设计科技政策提供了基础。

二战后，在政府支持科学的思想下，1950 年 NSF 成立。在 1945～1957 年，各政府部门和机构支持大学、企业开展研究，原子能委员会（能源部的前身）、国防部和 NIH 的一批国家实验室和研究机构纷纷成立。

1957 年，苏联发射了开辟人类航天时代的第一颗人造地球卫星伴侣号（Sputnik），促使美国从 1957 年底到 1958 年，短短的一年时间里，成立了 NASA，负责制定和实施国家空间发展计划；国防部成立了 ARPA，目的是确保开展先进的国防研发；成立了国家科学顾问委员会［后几经改组成立了国家科学技术委员会（National Science and Technology Council，NSTC）、总统科学技术顾问委员会（President's Council of Advisors on Science and Technology，PCAST），分别负责最高协调和决策咨询］，以加强政府的科学决策能力；加强了新武器的研制。1958 年 11 月国会通过的《国家防卫教育法案》，大大加强了美国政府对各个层次科学教育

的支持。1958 年 1 月 31 日，美国也成功地发射了第一颗人造地球卫星，进入一个科学技术发展的黄金时期。

二、政府大力投资研究和开发

二战后，最初几年，美国研发总支出保持在略高于国民生产总值 1%的份额，而这个份额在 20 世纪 50 年代后半期获得了快速的增长，在 20 世纪 60 年代中期达到峰值的 3%。在 1969 年的时候，美国研发的投资规模为 256 亿美元，远超过最大的国外经济体（联邦德国、法国、英国和日本）研发经费的总和 113 亿美元。

在整个国家研发投入中，联邦政府资助达到 1/2 到 2/3。在 20 世纪 60 年代中期达到总研发支出的 2/3 份额。自 20 世纪 80 年代开始，联邦政府的投入开始落后于工业界。

在 20 世纪 30 年代中期，联邦政府对大学的资助大概占其总经费的 1/4，在 1960 年即超过 60%。从 1935 年到 1960 年，对整个大学研究的资助增长了 10 倍，到 1965 年又翻了两倍。

在冷战的背景下，美国国家的研发投入大都投在国防和空间等相关领域，产生了许多先进技术。1961 年肯尼迪总统提出阿波罗登月计划，1969 年美国宇航员成功登上月球。登月计划激励了美国优秀的一代年轻人，并把他们培养成优秀的科学家和工程师。

三、基础研究和国防技术为主的多元化资助

二战后，联邦资助是在一个多元化的资助体系之下进行的，即分散到联邦政府各个部门和机构，而不是联邦政府集中投资。在美国 10 多个涉及资助研发的政府部门和机构中，国防部，卫生、教育与福利部（现卫生与公众服务部）（主要是 NIH），NASA，能源部，NSF 和美国农业部（United States Department of Agriculture，USDA）的研发经费占联邦政府研发经费总支出的 90%。

美国科技政策的重点是基础研究和国防技术。二战后美国资助的重点领域是计算机、电子、材料科学和与军事相关的应用科学和工程学以及医药和生命科学，资助的原则是：基础研究最终要能产生效益，体现出目标趋向，集中在资助者感兴趣的领域。

第三节 美国科技创新体系整体运行

一、现代科技创新体系的形成

二战后，政府对大学的巨大投资壮大了科学研究人员的队伍，提供了高质量研究所需要的物理仪器和工具。通过同时为大学教育和大学研究提供支持，联邦政府强化了大学对研究支持的义务，并且增强了研究与教学之间的联系，使美国大学在基础研究和研究生教育方面成为世界的中心。

二战后，各界创造了一种共识和氛围：基础研究是大学应该做的，从事基础研究工作是令人尊敬的。值得指出的是，联邦政府对大学给予大量资助的同时，尊重科学家的自由探索精神，并不干涉，而是鼓励科学家从事自己认为值得做的研究。激光的发明充分显示了科学家自由探索的重要意义。

二战后，大企业仍然是美国科技创新的重要组成部分，如通用电气、杜邦、AT&T 和柯达等公司在二战后继续为国家的国防及相关产业做了很大贡献。许多重大发明是产业研究的结果，例如，1947 年贝尔实验室发明了晶体管，1960 年休斯研究实验室制造出第一台激光器。在相当长的一段时间，联邦政府研发经费大部分投入到企业中。

新兴高技术小企业在新技术（半导体，电子、生物技术和医药等领域）的商业方面起到了重要的作用，促进了美国经济的增长，这是二战后美国创新体系发展区别于二战前，也区别于其他发达国家的一个突出特点。其中有以下几个方面的因素：①政府对新兴领域的资助，促进了基础研究成果的商业化；②国防采购政策降低了以市场为基础的准入门槛，有利于小企业的发展；③金融市场的创新，包括风险投资，促进小企业的成长；④适宜的创新环境，提高了小企业的创新能力。新兴高技术小企业代表地就是硅谷，在这里围绕着斯坦福大学集聚了大量的创业企业，形成充满激烈竞争、人员高度流动的创新环境，产生出一批影响美国和世界发展的高技术小公司（如惠普、苹果等）。

二战后，联邦政府大力建设一批国防部、能源部、NASA 各系统的国家实验室和研究中心，加上 NIH 内部研究机构，形成了一个专为国家安全利益及相关领域服务的国立科研机构。

到 20 世纪 60 年代中期，在冷战的背景下，以维护国家利益和国家安全为主要目标，美国对科学技术的大力和持续的支持，创造了一个充满竞争的高效的科技创新体系，美国达到世界科学技术的高峰。美国在世界科学技术大多数领域起着领导作用，不仅获得诺贝尔科学奖的数目增长到世界第一，而且欧洲学生大量向美国流入，与二战前形成了鲜明的对比。政府的政策加强和扩大了二战前科学技术体系大学与产业界内部已有的联系，并且创造了新的国立科研机构。通过支持科学技术面向国家发展长期服务，政府、大学与工业界形成很好的合伙关系，用美国人自己的话概括就是伙伴关系。在一些重大技术从研究到市场的发展过程中，工业界、大学和政府之间有着复杂的交叉互动，大学研究、工业研究和产品发展之间存在着丰富的思想和人员流动。

二、科技创新体系基本框架

美国科技体制和研究体系的基本框架在 20 世纪 60 年代末已经形成：①在政府最高层面设有科技政策决策协调和咨询机构——白宫科学技术办公室（Office of Science and Technology，OST）[现改名为白宫科学技术政策办公室（Office of Science and Technology Policy，OSTP）]、联邦科学技术委员会（Federal Council for Science and Technology，FCST）[现改为国家科学技术委员会（National Science and Technology Council，NSTC）]、总统科学顾问委员会（President's Scientific Advisory Committee，PSAC）（现改为 PCAST）。②多元化的资助体系。今天与科学技术密切相关的六个主要部门和机构——国防部、卫生与公众服务部（主要是 NIH）、NASA、能源部、NSF 和农业部都形成在这一时期。③各组成部分具有明确分工的研究体系：大学主要负责基础研究，政府研究机构主要负责应用研究和大科学研究，企业研究机构主要负责应用研究和试验发展。

三、科技创新体系调整和变化

自 20 世纪 70 年代开始，随着国际环境的变化，美国不断受到外部竞争的冲击和挑战：70 年代的石油危机、80 年代日本的经济挑战、2001 年的"9·11"恐怖袭击以及当今以中国为代表的亚洲崛起，美国的科技整体实力和领先地位相对下降。同时，科技创新的形式和组织形态也发生了许多变化。在这个过程中，美国不断创新，以适应变化的形势，同时不惜向竞争对手（如日本）学习，仍然保持十分强劲的发展动力。例如，在 20 世纪 80 年代受到日本严重挑战之后，美国经过不懈努力，迎来了 20 世纪 90 年代的经济和科技发展繁荣时期。

美国科技创新体系调整和变化，不是整个体系的重建或重组，而是创新系统内某些中心制度、关系和期望的创新或重建。例如，1980 年的《拜杜法案》使大学的行为发生了重要的变化，有些大学与工业界的关系比以前更加紧密，有些更加定向于商业化发展，但许多大学仍然保持着以前的方式。整个创新体系既能保持它的传统和优点，同时又有创新部分，适应或带领新的发展。下面我们举两个例子，一是 APRA，代表美国资助体系新元素的创新；二是美国纳米行动倡议，代表创新体系中关系的创新。

ARPA 是 1958 年为应对苏联卫星 Sputnik 而建立，最初集中在空间技术。1960 年，ARPA 定位为基础研究。20 世纪 70 年代，ARPA 转型面向军工任务，名称也于 1972 年改为 DARPA。ARPA/DARPA 推动了许多对现代社会影响深远的重大发明，包括互联网、个人电脑、激光以及视窗操作系统。ARPA/DARPA 所取得的巨大成功被其他机构纷纷仿效，例如，美国国土安全部成立了 ARPA-H（Advanced Research Projects Agency For Health，美国卫生高级研究计划署），能源部成立了 ARPA-E。

ARPA 建立了关键的组织管理结构，由一个高质量的管理团队领导，广泛地联系在工业界与科学界之间流动的科学家，充分利用已有的研究实验室和合作机制（而不是新建立研究中心），在新的复杂领域资助更具有未来长远意义的项目。ARPA 对大学计算机科学的支持带来了一场革命，不仅建立了计算机研究的基础设施，也创立了计算科学这一门新学科，带来许多突破性的技术。ARPA 被赋予了相当大的自主权，可以把资源集中在卓越的研究中心（如麻省理工学院、卡内基·梅隆大学和斯坦福大学）而不用考虑 NSF 所必须考虑的地理分布问题。这样的方式有利于形成以大学为基础的具有规模效应和稳定性的研究群体，这是在一个特殊的领域创造必要进展所必需的[1]。而且，它可以自由授予多年度的切块式经费（block funding），资助具有高风险性质的研究。

国家纳米技术计划（National Nanotechnology Initiative，NNI）是于 2001 年由克林顿政府提出的。与国内广泛存在的误解不同，NNI 不是一个在国家层面上有单独预算、支持纳米技术的中心计划，而是一个协调措施：通过理念、规划文件、交流、对话与评估等各种机制，促进支持纳米技术的联邦政府各个相关部门和机构开展合作，协调国家的相关力量，从整体上促进国家纳米技术的发展。NNI 由国家科学技术委员会之下的纳米科学工程技术分委员会（Nanoscale Science, Engineering, and Technology Subcommittee，NSET）和白宫科技政策办公室协调，与各个部门和机构一起工作，建立 NNI 的优先领域和评价各种活动的标准。

2014 年，NNI 完成了第一个阶段的使命。PCAST 对 NNI 的第五次评估报告指出：自从 NNI 在 2001 年启动以来，联邦政府把日益增多的跨机构纳米技术活动带到一起。从 2005 财年到 2014 财年，产生 638 个机构之间的合作，从 2005 财年的 35 个合作增长到 2013 财年的 159 个合作。与这些单个协调活动一起，在 2010 年联邦政府的跨机构合作开始聚焦"纳米技术署名措施"（Nanotechnology Signature

---

[1] National Research Council：*Funding a Revolution: Government Support for Computing Research*，The National Academies Press，1999。

Initiatives，NSI），这是一个至少有三个联邦机构围绕着重要国家利益领域投资和协调的合作行动。在这些 NSI 一些重要领域的合作出现繁荣局面。

第四节　美国经验的总结

美国成为一个科技强国有以下几个因素。

（1）一个与市场机制相适应的工业研究体系和大学体系。

（2）政府在科学技术发展的适当定位和长期且持续的支持。

（3）政府、大学与企业三者之间的合作伙伴关系。

（4）强调自下而上的创造力和自主性。

（5）支撑制度的完善（如风险资本）。

（6）制度创新能力。

另外，美国本土培养了大批有才干的科学家和工程师，二战期间因受迫害而来到美国的一批优秀欧洲科学家以及后来来自包括中国在内的世界各地的各种各样的科技人才是使其成为科技强国的关键因素。

第八章　英国的经验

第一次工业革命起源于英国，英国率先进入蒸汽时代，大机器生产代替了手工生产。一直到19世纪中期，英国都是世界上科技创新最为活跃的国家，出现了培根、达尔文、瓦特等一批影响世界的科学家、发明家。

自二战结束后，不管是经济增长，还是科技进步，英国相对于德国、法国等欧洲国家逐渐下滑。进入20世纪末期，英国政府再次将科技创新作为国家发展的核心动力，努力保持英国在科技和产业领域中的领先地位[①]。

第一节　第一次工业革命奠定领先地位

一、工业革命发端英国的原因

（一）良好的市场条件

英国17世纪中期的政治统一使得国内关税壁垒不复存在，英国成为最早建立起国内统一市场的国家，这为市场经济的发展奠定了重要基础。资产阶级革命推翻了封建专制制度，彻底扫清了资本主义工商业发展的障碍。"长期议会"废除了经济中的许多专卖特权，政府对经济活动的干预逐渐减少，殖民掠夺、圈地运动等成为资本原始积累的重要手段。此外，不断扩大的海外殖民地不仅为英国带来了大量资源，同时也使英国获得了广阔的世界市场。

（二）良好的社会政治条件

英国在较长时间内保持了相对的社会稳定。较少受战争的破坏，是英国区别于其他欧洲大陆国家的重要特征之一。自11世纪以后，英国基本没有遭受过外敌入侵，17世纪中叶英国内战结束之后，国内也再没有发生过较大规模的战争。此外，君主立宪、两党制和内阁制等政治制度的建立使英国保持了社会稳定。

---

① 王铁成：《英国科技强国发展历程》，《今日科苑》，2018年第1期，第47~55页。

（三）文化思想条件

进入近代之后，英国社会广泛受到功利主义思想的影响，民众渴望积累财富，积极进取的精神是英国社会活力不断提高的源泉。宗教改革之后，英国演变为新教国家，宗教政策相比其他国家更加宽容，这吸引了来自大陆国家的大量新教徒，他们为英国带来了工业革命必需的资金和生产技术。

科学文化的进步也为工业革命的出现提供了重要的基础条件。从16世纪到19世纪之间，英国相继出现了培根、牛顿、波义耳、胡克等近代科学的先驱，这些科学巨人的出现对英国的文化和思想产生了重要影响，尤其是使"科技进步改善人们生活水平"的思想深入人心。1660年，英国成立了皇家学会，1754年成立了工艺制造业和商业促进会，各类学术团体的不断涌现成为促进学术交流和技术进步的重要推动力量。

（四）资本积累的促进

英国的原始资本积累主要是通过国内的自我积累和殖民掠夺两种形式完成的。从国内积累看，持续了将近三个世纪的圈地运动为资本主义发展提供了大量的劳动力，破坏了家庭手工业，而当农民转化为工人之后，资本家通过对其进行剥削积累了大量的原始资本。从海外扩张看，从1588年打败西班牙无敌舰队开始，经过七年战争打败法国，英国成为世界上最大的殖民国家，通过直接掠夺、不平等贸易等积累了大量财富。

除了上述积累之外，英国较早地发展银行业对推动工业革命也发挥了重要作用。英国在18世纪中叶就已经出现了地方银行，其作用在于吸收零星资金，主要在当地开展资金融通业务。随着英格兰银行以及大银行与地方银行逐步构成一个银行系统，商业信贷网逐渐形成。银行业的不断发展为许多企业解决了资金周转问题，尤其是不断出现的银行券、信用券、汇票、支票等新型支付手段，为企业提供了多种形式的金融服务，可以满足多方面的融资需求。

（五）资源条件

煤炭、钢铁和机器制造是近代工业发展的重要基础。英国具有丰裕的煤炭资源，开采和运输都非常便利。许多行业，如玻璃制造、制糖、有色金属、盐业等都因为能够获得廉价煤炭而得到了较快发展。尤其是在蒸汽机得到逐步推广以后，煤炭作为主要能源得到了更为广泛的应用，大大降低了制造业的成本。除了煤炭之外，英国的铁矿资源也非常丰富，同时铁矿与煤矿的距离都比较近，这是英国钢铁工业得以迅速崛起的重要原因，钢铁工业的发展进一步为机器制造业的发展提供了有利条件。

二、英国早期科技体系的发展

工业革命之所以首先出现在英国而不是其他国家，正是源于英国较早地具备了各种制度和资源条件。比如，英国早在 1215 年就颁布了《大宪章》，从法律上保障了私有财产和公民的个人权利，为市场经济的发展奠定了重要的法治基础。相比之下，远在东方的中国仍然实行封建制度，市场力量难以萌芽，欧洲的其他国家也处于中世纪的黑暗阶段，不具备产生工业革命的基础性条件。

（一）专利法的颁布

1624 年英国政府颁布并实施了世界上第一部专利法，促进英国的技术创新。科学研究与发明创造受到法律保护，国家与科技之间建立了一种新型关系。在当时的历史环境下，科技还没有广泛地应用到生产过程中，英国对科技发明的重视和认可可以说是一种科技制度的创新。工业革命期间英国批准了大量的技术专利，18 世纪中期每年批准大约 300 项专利，到 19 世纪中期上升到每年批准大约 4500 项专利。获批专利以能源开发为主，涉及生产生活方方面面。这些专利迅速被应用到生产过程中，推动了众多行业的进步。从英国经验可以看出，鼓励和重视发明创造应作为国家战略，而成果只有投入实践才能发挥真正的作用，转化为生产力和财富。

（二）教育改革和创新

从工业革命时期开始英国就非常重视技术人才的引进和培养。国家在加强专业教育的同时也注重人才的交流。大量的英国专业技术人员到欧洲留学，将欧洲大陆先进的科技和思想带回英国。同时吸引了技术移民尤其是熟练工从欧洲其他地方来到英国参与英国工业发展。1660 年，英国皇家学会成立，成为英国的学术中心。这是国家权力与科学技术结合的标志，之后 18 世纪众多的科学研究学会得以建立，对科研和发明创造都起到了推动作用。19 世纪英国大学实行教育内容改革，把科学技术引入大学教育中，直接服务于社会。技术创新与转化能力是衡量一国强大与否的重要标志，也是国家的崛起和强盛的保证，科技发展战略应该作为国家的核心发展战略，中国要在新科技革命中获胜，关键看科技创新机制、科技人才队伍建设以及成果转化能力和速度。

（三）英国早期科技成就

英国在第一次工业革命中取得了巨大的成就。据统计，1850 年，英国的金属制品、棉纺织品等产量占到了世界产量的一半，煤炭产量占世界的 2/3，造船业产量以及铁路建设里程等都位居世界首位，1870 年，英国的工业产量占全球比重为31.8%，美国为 23.3%，德国为 13.2%，法国为 10%。英国的成就不仅表现在工业生产上，在工业革命前后两个世纪的时间内，英国还是全球的科技创新中心。

第二节　第二次工业革命中领先地位丧失的原因

英国在科技上的领先地位从 19 世纪后期开始逐步丧失，德国、美国逐渐取代英国的地位，最终"日不落帝国"丧失了世界霸主的地位，让位于美国。如同英国在第一次工业革命中领先地位的确立一样，英国在第二次工业革命中落伍也是多方面因素导致的。

一、经济增长模式对新技术的排斥

英国引领了第一次工业革命并取得了巨大的成就，但其传统的经济增长模式不再适应第二次工业革命发展的需求。在第一次工业革命前后，英国作为全球最大的殖民国家，其经济增长在很大程度上依赖于大规模的海外扩张，不断从殖民地获取各种廉价资源，加工成成品后再销往殖民地，这种资源输入和商品输出、资本输出相结合的模式为英国积累了大量资本，但企业也逐渐丧失了采纳新技术、购买新设备的积极性，导致英国生产率的增长停滞不前。对传统增长模式的固守导致英国虽然在科学技术方面取得了大量成就，但是却没有转化为商业应用。比如，英国人贝尔于 1876 年发明了电话，然而电话却没有在英国得到广泛应用，而是首先在美国实现了大规模商业化；弗莱明于 1928 年发明了青霉素，仍然是在美国首先得到了产业化、商业化运用，类似的还包括雷达系统、喷气式发动机等。究其根本原因，是传统的经济增长模式完全可以为资本家带来丰厚的收益，从而缺乏采用新技术的动力。

二、忽视新兴产业发展，热衷资本输出

英国奉行自由放任的市场经济原则，资本家关注的是是否可以获得丰厚的利润，只要传统产业可以继续为资本家带来显著收益，那么就没有人愿意花费大量投入进行固定资产的更新，先进技术的应用和推广的速度很慢，这种路径依赖特点严重阻碍了英国企业家对新的生产技术的渴望，比如，英国在钢铁、有机化学、电力等新兴行业中的投资不足，发展缓慢。

英国资本家在忽视新兴产业发展的同时，热衷于对其他国家进行资本输出。在英国金融机构的扶持之下，英国的企业家不断加快海外拓展的步伐，向许多国家提供信贷，在短期中赚取了较高的收益率，而此时的德国和美国则大力开展对外直接投资。一方面，英国热衷资本输出导致国内投资不足，另一方面，英国大量引进其他国家的对外直接投资，导致新兴产业难以发展起来。英国在煤炭开采、种植业、炼油、烟草等行业中表现较好，但由于新的工业制造部门迟迟得不到发展，英国在经济和技术上的地位逐渐被德国、美国超越。

三、社会体系的僵化

19 世纪中期，英国本可以继续保持在技术上的领先地位，但不管是政府还是企业，都未能采取有效行动，究其根本，社会体系走向僵化是一个重要原因。

社会体系的僵化体现在多个方面：第一，与美国等国家相比，企业家精神在英国发育迟缓，这与自由贸易导致的英国对海外市场的依赖有着直接关系；第二，陈旧的企业管理模式也是导致英国逐渐落后于美国和德国的重要原因，美国和德国的企业因受益于管理职业化而不断扩大规模和提升效率，而英国的企业管理模式则仍长期保持传统形态，难以扩大规模进而难以实现规模收益；第三，也是最为重要的一点，英国在 19 世纪的教育改革未能适应新技术革命的要求，比如，英国奉行绅士化教育传统，采用非全日制和在职教育模式，难以适应新技术革命对人才的需求。

第三节　20 世纪后期以来英国的科技创新发展

作为世界上最早出现的创新型国家，英国领导了第一次工业革命，也经历了科技领先地位的丧失过程，进入到 20 世纪晚期之后，英国政府开始大力培育国家创新体系，努力使英国继续保持在世界科技创新领域中的优势地位，取得了大量成果，同时高度关注在科技前沿领域的发展。

一、科技创新政策

英国自 20 世纪晚期以来的创新政策经历了三个发展阶段。

科技预见计划：1993 年，英国政府发表了名为《实现我们的潜能》的白皮书，这是英国政府首次对科技发展进行预测，该白皮书对 5～10 年后的科技发展前景进行了分析和预测，同时分析了可能影响科技进步和经济发展的阻碍因素，为政府制定科技发展战略提供了重要依据，同时也可以在一定程度上为研发活动指明发展方向。

制定中长期科技发展规划：2002 年，英国政府制定了历史上第一个中长期科技发展规划——"10 年科技发展规划"。自此之后，英国开始奉行"服务于创新全过程"创新理念。

创新驱动战略：2008 年次贷危机爆发后，英国政府提出要通过创新驱动经济发展。金融危机对英国经济产生了许多负面影响，比如，经济衰退、失业率上升，同时气候变迁、能源危机等问题也成为威胁经济社会稳定发展的重要问题。卡梅伦执政后，英国政府提出要充分利用科学技术和创新的力量来推动英国经济的复苏，强调科技在解决社会问题中的重要作用，同时努力保持英国在世界科技发展中的领先地位。

在培育国家创新体系的过程中，英国逐渐形成了包括完善市场环境、构建科技发展的基础条件以及以提升企业创新能力为核心的创新体系。创新体系的主体包括产学研机构、政府机构以及非营利机构等，英国将创新视为各个创新主体之间相互联系的过程，包括"产学研机构之间知识的再分配""竞争主体、供应主体与产品使用主体之间知识的再分配""建立相互支持、合作的运作机构体系"三方面内容。"服务于创新全过程"的理念使得英国的创新网络得以保持良好的运行状态。

二、培育国家创新体系

（一）发挥政府作用

历史上，英国在经济发展上奉行"不干预"的自由放任政策，对科技创新和教育改革等同样持较为消极的态度。这一局面随着创新驱动战略的提出而发生了重大变化，英国逐渐认识到政府在推动创新驱动型国家建设中的重要作用，尤其是在培育创新环境方面，政府的角色是必不可少的。此外，在国际科技合作中，政府同样发挥着核心作用，英国政府积极参与欧盟"地平线 2020"计划，不断强化与欧盟国家的科技合作，同时也重视与美国、日本等发达国家以及中国等发展中国家之间的合作。2005 年，英国组建了由多个政府部门和科学团体构成的全球科学和创新论坛（Global Science and Innovation Forum，GSIF），2006 年 10 月发布了《英国研发国际合作战略》，明确了与其他国家开展科技合作的基本框架，重点是四大领域，同时提出了七项战略建议，自此之后，英国将与其他国家开展科技合作作为其外交政策的重要组成部分，成为构建双边伙伴关系的重要手段。

（二）构建创新生态

英国政府通过多种措施推动创新生态系统的建设和发展。2011 年 12 月，英国政府出台了《以增长为目标的创新与研究战略》，从五大方面提出了完善英国创新体系的举措：①发现与开发。大力资助"蓝天研究"，即由好奇心驱动的基础研究，尤其是对新兴技术领域进行重点投资，如生命科学、太空技术等具有广泛前景的领域。②创新型企业。推出多项扶持企业研发的政策措施，为企业创新活动营造良好的外部环境。③知识和创新。促进不同创新主体之间的合作和知识分享，进而提高整个创新生态系统的活力和效能。④全球合作。推动国际科技合作的发展，积极将英国的优势技术推广到世界各国。⑤政府的创新挑战。通过开放数据、简化手续、政府采购等政策措施成为创新的推动者，消除阻碍创新的障碍。

（三）支持企业创新

中小企业是英国创新体系中的重要力量，金融危机之后，英国政府采取多种举措支持中小企业的创新活动。首先，从 2008 年起，英国推出了面向中小企业的"创新券计划"，旨在推动中小企业与高校和科研机构的合作。申请参加该计划的企业可以获得 3000～7000 英镑的创新券，可以用来与其他研究机构开展合作。其次，对中小企业的研发活动进行税收减免。2011 年 4 月，英国对中小企业研发活动的税收减免由 150%提高到 200%，并在 2012 年进一步提高至 225%。最后，成立专门的机构支持中小企业创新。2007 年成立了英国国家科研与创新署，其大部分经费用于支持小企业的创新活动。

三、政策支持的重点领域

2010 年 12 月，英国发布了《技术创新中心报告》，该报告指出，次贷危机是英国自 1930 年以来面临的最深刻的金融危机，为应对危机的影响，英国需要全面革新原有的创新体系。

该报告指出，英国虽然在科学研究领域处于领先地位，但由于资金不足，科技成果转化的过程不顺畅，科技发展难以为经济发展提供重要支撑。另外，英国也面临着重要的发展机遇，受全球气候变化和老龄化等挑战的影响，技术密集型产业和服务面临着新的发展机遇，世界市场的开放程度和竞争程度将同时增强。报告认为，英国应以如下因素为基础确定技术与创新的重点领域：开发平台技术的能力、开发具备市场前景技术的能力、形成技术优势的能力、技术领先地位，以及从研究到制造中把握价值链关键环节的能力。

根据以上判断以及英国自身具有的技术优势，英国确立的技术与创新支持的重点领域包括：干细胞和再生医药、未来互联网技术、塑料电子、可再生能源和气候变化技术、卫星通信技术、燃料电池、先进制造技术和复合材料技术等。

2014 年，英国技术战略委员会公布了《加速经济增长》的报告，承诺 2014～2015 年在 12 个优先领域投入金额将超过 5.35 亿英镑，用于促进涉及大学、企业等在内的技术创新项目。其中，投入金额最多的是能源领域，将获得 8200 万英镑的投资，其次是健康与医疗领域，投入将达 8000 万英镑。其他投入较多的领域包括高端制造业 7200 万英镑，运输业 7000 万英镑，都市居住业 6300 万英镑，农业与食品业 4600 万英镑，数字化经济产业 4200 万英镑，太空应用领域 2000 万英镑，居住环境和资源效益领域各 1300 万英镑。此外，包括先进材料、生物科学、电子学、传感器、光子学以及信息技术在内的赋能技术领域的投入也达到了 2000 万英镑。

四、高科技前沿领域的投入

（一）支持新兴技术商业化

新兴技术往往具有巨大的应用空间，不仅会创造全新的价值，而且往往会颠覆现有的市场和产品体系。2012 年，英国宣布向大数据和高能效计算、卫星及空间商业应用、机器人和自动化系统、基因组学及合成生物学、再生医学、农业科技、先进材料及纳米技术、能源与存储等英国能够领先世界的八项重大技术增加 6 亿英镑投资，以加快前沿研究商业化。

（二）重视科技前瞻研究

英国历来重视科技前瞻研究工作，并设立了专门的政府机构来负责这一工作。英国政府组织了一支优秀的研究队伍，给予稳定的经费来支持科技前瞻研究，为制定科技政策提供重要依据。

英国的科技前瞻研究项目主要分为两类：其一，明确新兴科学和技术发展中面临的挑战与机遇；其二，明确科技可以在解决何种重大社会问题中发挥作用。从时间跨度来看，无论是大规模的关键技术预测项目，还是专题研究项目，一般的时间跨度通常都在 10 年、20 年、30 年，甚至未来 50 年、80 年左右。

科技前瞻研究工作着眼长远，同时紧密围绕科技发展决策以及社会关注的热点问题，因此在英国国内和国际社会上都产生了重要影响，对政府机构、科技界和产业界都具有重要的参考价值。

（三）重视高端人才

英国政府高度重视科技人才的引进和开发工作。自 21 世纪初开始，英国陆续出台了一系列人才培养战略和计划，不仅重视科技人才培养，比如英国制定了到 2020 年，使英国学生数学学习持续到 18 岁，培训 1.75 万名数学和物理教师的计划，并且大量引进高层次和高技能的人才。同时，英国大力加强职业教育，在数字技术、风能、高端制造等领域设立国家学院，使人才培养充分适应科技发展的需要。

（四）大规模公共投资

英国政府对科技创新直接投入巨额公共资金，侧重支持中小企业的科技创新活动是其政策的重要特点。在具体做法上，英国结合直接财政支持和鼓励企业与公共部门合作两种方式。在行动安排上，英国政府采取"有所为、有所不为"的方式，并不是采取全面资助的方式，而只是对个别企业进行资助，旨在激发科研机构和企业从事创新活动的动力。

第四节　英国经验的总结

英国科技强国的发展历程表明，科技创新是大国崛起的重要基石。一方面，固守旧有发展模式，忽视新兴产业发展，必然导致领先地位的丧失；另一方面，即使基础薄弱，只要确立科技创新驱动发展的理念和决心，构建激励创新的制度体系和良好的创新环境，根据本国国情选择科技创新模式，一个国家也将从落后走向科技前沿。

各国在不同历史阶段面对着不同形势和挑战，历史的演进也不可能简单重复，但英国的历史经验对于当前中国应对挑战、迎接机遇还是能提供一些启示。

首先，英国进行的渐进式改革为英国建立了比同时代其他国家先进的政治和经济制度，对维护社会稳定和经济发展起到了保证作用。中国在面临百年未有之大变局时，必须稳中求进地深化改革开放。

其次，对英国而言欧洲邻国同时也是争霸过程中要挑战的传统强国，因此同西班牙、荷兰、法国矛盾不断。但是总体上讲，在光荣革命后基于资产阶级发展贸易、开拓市场的需要，国家战略进行调整，就不再同邻国因欧洲领土发生纠纷，而是将注意力和精力放在殖民地瓜分上。对中国而言，在处理同周边国家领土、海洋权益争议等问题上，要考虑到国家利益和战略需要，尽量减少摩擦、寻求共识、发展互利共赢的周边关系。在大国关系问题上，应坚持对话沟通协调合作，避免大国间的战争。

最后，英国凭借对专利和人才、教育的重视以及科技成果转化的速度和力度，成功利用第一次工业革命的成果和契机，长期在科技领域保持世界前列。中国目前对科技投入不断增大，未来要在第四次技术革命中引领世界，还应加大对科技成果转化的支持，构建加速成果从实验室投入实践的网络。

第九章　德国的经验

德国是一个非常注重科技创新的国家，早在19世纪末由普鲁士王国开始统一进程时，就发现国家落后的原因是技术落后、缺乏人才，于是开始办现代大学，搞教育、学技术、出人才。

到20世纪初，德国已经走在世界科技发展的前列。作为两次世界大战的发起者和战败国，德国的经济和社会发展遭受毁灭性的打击，同时流失了大量优秀的科技人员，科技发展整体水平一度落后。二战后，德国政府高度重视科技创新的复苏和发展，开始经济腾飞，注重工业基础与技术创新的结合。两德统一后，德国政府制定了一系列促进科技创新的战略规划并辅以政策举措的配合，不断加大科技投入，建立完善的科技管理体系和研发体系，德国重新回到了科技大国和创新强国的行列。随着欧盟的成立，德国开始拓展科研力量，引领深化欧洲科技合作。

第一节　早期的科技发展

一、工业革命的后来者

直到1871年德国才成为一个中央集权的国家，而此时英国、法国、俄罗斯早在数百年前就实现了统一。在欧洲国家当中，无论是政治还是经济方面，德国都是一个后来者。在这个时期，德国主要面向国外，特别是英国和比利时，来寻求新机器和熟练的技术工人以为其产业带来先进的技术。德国的棉纺、毛纺和麻纺产业的新型机器、第一台蒸汽机以及第一台机车，都是从英国进口的。19世纪中期，普鲁士王国取得普丹战争、普奥战争和普法战争的胜利，统一成为德意志帝国。统一之后，德国逐渐成为一支主要的经济力量。

在政策和经济落后的情况下，德国政府在国家发展方面发挥着重要作用。关税联盟、放松对自由从事商业活动的传统限制、鼓励铁路建设、对工艺技术的尊重与推崇以及完善的教育体制和专门的研究组织都是促进国家政治经济发展的重要因素。

二、独特的教育系统

在 19 世纪早期，法国是世界科学的中心。很多德国科学家，如化学家李比希就曾去法国学习最新的技术发展。法国高等教育制度，特别是巴黎理工学院曾被看作激励和典范。和法国大学不同，德国的大学更加从制度上关心科学研究。就在其他国家的大学轻视科学之时，德国的大学就已经允许科学独立地发展了，并且在其自身发展过程中创造出了不少有效的科研组织形式和方法，诸如实验室、研究生指导制度、研究生院、高校研究所以及专业科技刊物的出版等，这些都是德国首创。到 19 世纪中期，研究定位已经在德国大学中被稳固地建立起来。德国的大学研究提升到了很高的水平，并且在某些领域（如医学、化学和物理学）甚至攀升到了世界领先的地位。到 20 世纪初，德国已经建立起覆盖科学技术和商业事务、从初等学校到博士水平的复杂的教育系统。大部分专业领域的不同水平之间往往存在着密切的联系，因为既定水平的学校中，教师通常都是从更高级学校毕业的。大学和技术院校之间也存在知识的流动，教育系统和产业公司同样存在着联系。德国教育系统区别于其他国家的，不仅是大学和技术院校的相对较高的研究水准，也有其较大的规模。到 1895 年全德的文盲占总人口的比例仅为 0.33%。在数学和自然科学领域，德国大学教育的学生人数超过法国的 8 倍。在 20 世纪的头 10 年，德国约有 30 000 名工程师从学院或大学中毕业，相比之下，美国仅为 21 000 人。从人口规模来看，德国大约超过美国 2 倍。在 1913 年，德国的工程师人数比英格兰和威尔士多 10 倍。

三、系统的科研组织

除了大学、技术院校和科学研究院以外，中央政府和联邦各州在 20 世纪初也支持了 40～50 个旨在进行特定应用领域（如天气和大气、物理和地质学、健康、造船、水利工程、生物、农业、渔业和林业等）研究的研究机构，其中一些具有军事目的；大多数则定位于公共任务，如公共健康或安全规制方面，有些也支持商业部门的技术创新。

德国现代工业的基础逐渐形成后，随着西门子、通用电气这些大公司的规模性发展，德国国内工业后来居上，迅速赶上并超过英国、法国等国（自 19 世纪中叶起，德国开始建立系统的科学技术组织，包括公共、私人与混合型科研机构以及大型工业企业。德国非官方的工业与企业研发部门是世界上最早成形的企业研发体系）。到 1913 年，德国拥有了 34.9% 的世界生产，相比之下美国为 28.9%，英国为 16%；约有 25% 的德国生产用于出口，德国占据世界出口的 46%，随后是英国占 22%，美国占 15.7%。在美国申请专利也可以作为德国产业技术能力的一个总体指标。1883 年，德国公司申请的美国专利数约为英国公司申请数的一半，到了 1993 年，德国占美国专利的份额就达到了所有外国专利的 34%，英国下滑至 23%。

德国工业的快速发展源于五大决定因素，这些因素甚至在 1871 年之前就已经存在了。一是海关联盟。区内为自由贸易区，实行共同的商业政策，对外则统一关税。海关联盟的建立是最终形成"德国"共同市场的第一步。二是铁路的发展。相比英国、法国、美国，铁路在德国的地位更为重要。在 1879 年实行国有化之前，铁路是德国经济中效益最高的产业，优于采矿、炼铁和纺织业。对铁路设备的需求为德国煤炭、钢铁和机械工程工业提供了广阔的新市场。三是深厚的工艺技术传统。1914 年前，德国工厂多为小作坊式的集合体。对工艺技术的承认、尊重和推崇至今仍是贯穿德国职业教育制度的主要思想。四是完善的教育体制。这种体制提供了从小学到职业学校，从工艺学院到大学的求学机会。早在 18 世纪末德国就确立了所有 6～13 周岁儿童都应接受普通教育的原则。英国直到 19 世纪后期才引入这一原则。德国的大学对科研相当重视，物理、化学及数学方面的研究气氛尤为浓厚。五是庞大的商会组织（至今仍然是决定德国经济的主要因素）。这些组织常常使公众与私人、政治与经济间的界限变得模糊不清。

第二节　世界大战及冷战时期的科技发展

一、战争期间（20 世纪初～1948 年）

20 世纪初，德国正处于加入富国俱乐部的道路上，也拥有着正在向世界市场快速迈进的动态产业，但是政治的发展却未能和经济的进步并驾齐驱。独裁政治阻碍了其向更加民主的系统发展的可能，而且，政治精英也无法很好地应对伴随国家上升为工业大国而出现的外国政策的挑战。由一战开始的一系列的政治和经济的灾难直到 20 世纪 40 年代才结束。直到 1922 年，很多新研究机构由各州和凯泽·威廉学会（1948 年更名为马克斯·普朗克学会）建立起来。凯泽·威廉学会中的很多机构将其行动重新定位于和战争相关的准备。二战后，大部分的产业工厂被毁，一些仅存的工厂也被当作了盟军的赔偿。很多科学家和工程师也搬去了盟军国家而受雇于军事、航天和原子能技术等领域。

二、盟军占领期（1949～1955 年）

二战后，民主德国和联邦德国均完成了惊人的经济复苏。技术知识和技能依然存在的事实是经济复苏的一个关键因素。在国家的东部，苏联引入了中央计划经济。在西部，盟军则废除了国家社会主义经济的中央计划结构。它们有效地分散了一些产业，特别是化学和钢铁产业。创新体系的基础要素被重建起来：包括企业及其实验室、学校、大学和技术学院、马克斯•普朗克学会、弗劳恩霍夫协会、德国研究联合会/科学基金会（Deutsche Forschungsgemeinschaft，DFG，1951 年重建）、政府研究机构以及商业和技术联盟等。科学研究工作逐渐恢复，从开始仅限于民间技术的研究，逐步发展到原子能、空间技术等高级科学技术领域。这一时期的科学技术活动为联邦德国战后的经济复苏和社会发展奠定了深厚的基础。到 20 世纪 50 年代末，德国已成为仅次于美国的西方第二工业大国。

三、联邦德国的振兴（1955～1989 年）

联邦德国成立于 1949 年，但直到 1955 年才结束被盟军占领的状态，才成为一个真正的主权国家。德国的科技事业自此进入迅猛发展阶段，科技体制也完成了意义重大的转折。这个时期是德国经济持续稳定增长的阶段，也是科学研究与技术取得重大进展的阶段。这一阶段，联邦政府的科技政策是以经济合理化为总目标，科研工作必须为提高产品的国际竞争能力、促进国民经济结构的合理化服务。联邦政府在恢复了主权之后，迅速成立了原子能部（专门负责科技工作的联邦政府职能部门），全面恢复了核研究工作并开始进行一定规模的宇宙空间技术的研究。此举意图以促进空间研究和空间技术为先导，以尖端技术领域的突破来带动整个科学研究与技术进步事业的腾飞。从 1956 年到 1969 年，联邦政府以巨资相继建立了 12 个国家研究中心。1962 年，联邦政府将原子能部改组为联邦科学研究部，并由它来负责确定科研方向及重点，制定科技政策，管理科研经费。此时，政府除了积极支持国防、原子能和空间技术发展外，开始支持军事科学技术在民用生产领域中的推广应用。

从 1969 年起，联邦政府科技政策的总目标是提高经济效益和产品竞争能力、保护资源和自然界的生态平衡、改善劳动和生活条件，同时扭转人们对技术的机会和冒险的认识。这标志着联邦德国科技政策从以经济合理化为目标的阶段进入了以社会价值合理化为目标的新阶段。以社会价值合理化为目标的科技政策，彻底改变了单纯追求经济价值的传统观念。国家在选择应资助的科研项目时，首先考虑的是该项研究对国家利益、国际政治和经济、社会经济结构和国民心理、生态与环境以及国民经济发展等各方面的综合效益和影响。这一时期，科技政策更加明确和完善，包括加强基础研究，不断扩展并提高国家及国民的科学知识水平；增进对技术发展的社会作用及相关关系的研究和认识；保持生态平衡，合理利用自然资源；保持并提高国民经济的发展活力和竞争能力；改善国民的生产及生活条件。

1972 年，为了进一步强化政府对科技工作进行宏观调控的职能，德国成立了联邦研究技术部（1998 年更名为联邦教育与研究部）。这一时期，政府制定了一系列优惠政策，鼓励和扶持工业企业建立研发机构开发新产品和新技术，这使得德国工业企业研究机构在数量和质量上都发生了巨大的变化，成为应用技术研究的主力军。从二战后的 1948 年到两德统一前的 1989 年，德国企业的研发支出占社会研发总支出的比例不断上升，从 25%上升至 60%。政府部门还制定新计划并调整现有计划以强化公司之间或公司和公共研究组织之间的合作。在选定的领域，如微电子、机器人、计算机辅助设计和制造或生物等，津贴的标准被明确地界定以鼓励企业参与到合作计划当中来。此外，弗劳恩霍夫协会保持了同大学之间的紧密联系，并且依赖于合同这种强烈定向于服务客户的方式来进行运作。这种方式建立起了大学和产业间沟通的桥梁。

为了促进科技发展，联邦德国用于科技研究方面的经费逐年增加，到 1977 年总额仅次于苏联、美国而居世界第三位。其中研发支出占当年政府财政支出预算的 4%，占国民生产总值的 2.3%。进入 20 世纪 80 年代后，联邦德国国民经济进入了稳定发展时期。政府的科技政策经过调整和大幅度增加科研投资之后，也渐渐趋于完善和稳定。

二战后恢复调整时期也面临着很多挑战。一是高等教育经费大幅下滑。高等教育经费占国家总研发的比例从 1975 年的 20%下降到 1987 年的 14%。相对于人口规模来看，日本花费在高等教育执行的研发经费约比德国高 40%。德国平均每名学生花费为 37%的人均 GDP，英国为 85%，日本以 118%列在首位，这反映出德国的教育质量要落后于当时的日本和英国。二是科学研究体系相互分离。1972年，科学研究部被拆分成两部分：联邦对于教育的职责包括高等教育依然在教育和科学部下，而高等教育部门以外的技术和研发则成为研究和技术部的范围。两个部门的责任分离，为政策制定者通盘考虑整个系统制造了新的障碍。三是日本快速发展带来的强大的外部压力。20 世纪 70 年代晚期以及 80 年代，日本在商业资助研发占 GDP 的比重、在美国获得专利、每名学生在高等教育支出占人均 GDP 的比重等方面都已经追赶上或超过德国。

第三节　完成统一后的科技发展

20 世纪 90 年代初,德国完成了统一。德国联邦政府通过制定连续的战略规划、合理的政策设计和制度安排,以及切实有效的各类行动举措,创新驱动国民经济及社会发展的成效十分显著。

一、制定科技战略规划

德国政府高度重视战略规划对科技创新的引领作用。为保障战略规划的有效实施,20 世纪 80 年代以来,德国政府先后出台一系列法规以不断强化战略规划的宏观引领作用。1982 年,联邦政府制定促进创建新技术企业的计划,将建立更多高技术公司作为国家的一项战略措施。1996 年 7 月,德国内阁通过《德国科研重组指导方针》,明确了德国科研改革的方向。1998 年,联邦政府颁布《INFO2000:通往信息社会的德国之路》白皮书,有力地推动了德国信息产业的发展。2002 年,联邦议院通过联邦政府提交的《高校框架法第 5 修正法》草案,为在大学建立青年教授制度提供了联邦法律依据。2004 年,联邦政府与各州政府签订《研究与创新协议》,规定大型研究协会(马普学会、亥姆霍兹国家研究中心联合会、弗劳恩霍夫协会、莱布尼茨科学联合会)的研究经费每年保持至少 3%的增幅。2006 年,联邦教研部制定《科技人员定期聘任合同法》,规定将公立科研机构研究人员的定期聘任合同的最长期限放宽至 12 年或 15 年,以留住青年科技人才。同年,联邦政府首次发布《德国高科技战略》报告,继续加大特别是 17 个创新领域的投入,以确保德国未来在世界上的竞争力和技术领先地位。2012 年,德国政府推出《高科技战略行动计划》,计划从 2012 年至 2015 年投资约 84 亿欧元,以推动在《德国 2020 高科技战略》框架下 10 项未来研究项目的开展。2012 年,联邦议院通过《科学自由法》,即《关于非大学研究机构财政预算框架灵活性的法律》,给予非大学研究机构在财务和人事决策、投资、建设管理等方面更多的自由。2013 年,德国联邦内阁通过《联邦政府航空战略》,以保持德国航空工业在欧洲乃至全球的竞争力。标准在德国工业体系中拥有举足轻重的地位,工业 4.0 是德国面向未来竞争的总体战略方案。2013 年 4 月,在汉诺威工业博览会上,德国正式推出《德国工业 4.0 战略计划实施建议》,并将该战略作为经济领域的重点发展对象,旨在支持德国工业领域新一代革命性技术的研发与创新,确保德国强有力的国际竞争地位。德国出台的《新高技术战略——创新德国》提出要把德国建设为世界领先的创新国家。德国主要创新战略法规与政策参见表 9-1。

表 9-1　德国主要创新战略法规与政策

时间	制定和出台的科技创新战略和政策法案
战后恢复振兴阶段	《德意志联邦共和国基本法》
	《版权法》
	核研究核技术发展规划
统一前后调整阶段	《专利法》
	促进创建新技术企业计划
	德国科研重组指导方针
	《循环经济与废弃物管理法》
	《INFO2000：通往信息社会的德国之路》
	21 世纪信息社会创新和就业行动计划
21 世纪至今	《高校框架法第 5 修正法》
	研究与创新协议
	《科技人员定期聘任合同法》
	德国高科技战略
	《高科技战略行动计划》
	《德国工业 4.0 战略计划实施建议》
	《新高技术战略——创新德国》
	《科学时间合同法》
	《科学自由法》
	《可再生能源法》
	《联邦政府航空战略》

二、发展完善国家创新体系

德国在 20 世纪 60 年代末集中协调型的科技创新体制就已初步建立，进入 21 世纪以来，德国不断改革与发展其研究与创新体系，形成分工明确、统筹互补、高效运作的多层次的科研与创新系统。德国国家创新体系的多元性不仅体现在其研发领域多样化与高度专业化，同时也反映在来自政治、经济与社会各界的不同角色之间的通力合作，共同推动德国科研与创新健康发展。

按照层级划分，德国创新体系可分为政治决策与管理层、咨询与协调组织层、公共部门的科研机构及学会组织以及私营部门的工业协会。其中，管理层面的联邦政府与联邦州主要承担科研资助者角色，它们提供的资金约占德国研发经费总额的 1/3。根据德国基本法的规定，联邦与联邦州负责制定与科研和创新相关的法律条文、预算以及科技战略。它们为基础性研究、科研设备以及德国科研战略方向提供中长期资助。

德国经济界承担科研与创新资助者以及执行者双重角色。每年来自经济界的资助与科研合同为德国研究与创新提供近 2/3 的资助。这些资金既用于企业自身研发项目，也用于同高校和科研机构间的合作。经济界的资金主要面向应用性研究。

德国高校与科研机构是科研执行主体，除了综合性大学、应用技术大学等高校外，由联邦和州政府共同资助的四大非营利科研机构（马普学会、亥姆霍兹国家研究中心联合会、弗劳恩霍夫协会、莱布尼茨科学联合会）是德国科技创新的重要基地。除此之外，还包括联邦属的八大研究所、德国国家工程院、德国国家科学院以及联邦部委研究部门等。

德国还存在很多科研服务机构，它们凭借自有资本或公共资金扩展科研项目，并且代表科研资助者与科研执行者的利益，它们是连接政界、经济界与学术界的桥梁，如德国科学基金会、德国洪堡基金会、德国联邦工业研究协会（German Federation of Industrial Research Associations，AIF）等。

三、科技创新方面的投入

自 1990 年两德统一后，德国的科研工作面临着来自内部的新挑战：建设全德统一、高效率的、具有强大的国际竞争力的科技体制。

（一）政府对研发创新的投入

德国研发投入总量逐年大幅度增加。作为一个统一的联邦制国家，德国联邦和 16 个州政府各自行使科技管理职能，每个州对其教育都具有立法权，并进行研发活动资助，每个州约有 50%的公共研发支出来自州政府。根据德国研究与创新专家委员会 2016 年发布的年度报告，2014 年德国的研发投入总计 836 亿欧元，占GDP 的 2.87%。在上一年度，支出达 797 亿欧元，占 GDP 的 2.83%。经济合作与发展组织和德国发布的有关创新的调研报告指出，2015 年德国研发经费首次达到GDP 的 3%，是全球研发投入最多的 5 个国家之一，在能源、环境等未来重要领域，仅次于日本和美国。

（二）注重区域间均衡发展

德国统一之时，东部的生产力水平远较西部落后。1990 年德国 GDP 为 27 643

亿马克，其中东部仅为 2443 亿马克，所占份额不足 10%。因此，科尔政府制定了
振兴东部战略，并按市场经济的要求对德国东部的科研机构实施重组，进一步充
实德国的研究创新体系。

自 1990 年起，德国政府连续启动出台针对东部新联邦州的区域创新计划，资
助金额逐年增加。进入 21 世纪，创新计划更偏重中长期资助（一般 5～10 年），
并且推动支持东西部的研发合作，详情参见表 9-2。

表 9-2　德国统一后面向东部的创新计划

年份	计划	资助额
1990	东部工业研究特别促进计划	50%补贴
1994	产品更新计划	1.5 亿马克
1995	东部研究任务计划	3.2 亿马克
1995	东西部研究任务计划	3.2 亿马克
1998	在新联邦州和柏林促进和支持建立技术性企业的计划	
1999	东部创新的主导项目	5 亿马克（1999～2005 年底）
1999	修订《高校建设促进法》	偿还前科尔政府多年来欠账
2001	创新地区计划	1.5 亿～1.6 亿马克
2002	"创新能力中心：确保人才和创造杰出"计划	追加 7000 万欧元（2009～2016 年）
2009	"新联邦尖端研究与创新"计划	1000 万～1400 万欧元（为期五年）
2012	"2020 年创新伙伴关系"计划	5 亿欧元（2013～2019 年）

（三）深化欧洲科技合作

德国通过广泛协商和普遍合作的多边外交，积极推进多极化发展，在欧盟的
科技战略制定中一直是一个积极的行动者，在引领深化欧洲科技合作方面发挥着
重要作用。

2008 年德国实施科学与研究国际化战略，该战略同高科技战略、研究与创新
协议（Pact for Research and Innovation）和卓越计划（Excellence Initiative）共同组
成德国研究与创新政策的核心。德国科学部门对欧洲研究能力的增强和扩展具有
重要的作用，德国联邦教研部经费投入的持续增长对其发挥作用提供了有力的支
持。自从建立欧洲研究区后，联邦政府努力将德国研究与创新纳入欧洲框架中。
欧盟层面的科技研发活动主要是欧盟研发框架计划（Framework Programme，FP）。
2013 年结束的欧盟第七研发框架计划（7th Framework Programme，FP7）的总投
资达到了 505 亿欧元，FP7 每年对科研的资助金额几乎是欧盟第六研发框架计划
（6th Framework Programme，FP6）的 2 倍，这种投入的急剧增长意味着欧盟希望

以实际行动实现"里斯本战略"设定的目标。通过对比同一时期德国、英国和法国三大欧盟强国参与 FP7 的数据可以看出德国参与框架计划的状况。德国参与 FP7 的人员数量和获得研发资金的金额在欧盟各成员国中均排名第一,其次是英国和法国(表 9-3)

表 9-3　德国、英国、法国参与 FP7 的数据统计

项目	德国	英国	法国
参与人员数量/人	17 950	17 379	12 463
获得资助金额/百万欧元	7 082.37	6 880.53	5 068.66

近些年,欧盟层面的研发创新活动主要是"地平线 2020"计划(2014~2020 年)。该计划整合了原有的三大计划体系,即在 2007~2013 年的多年预算周期中研发与创新领域的 FP7、竞争和创新框架计划(Competitiveness and Innovation Framework Programme,CIP)、欧洲创新技术研究院(The European Institute of Innovation and Technology,EIT),从而进一步整合科研资源、提高创新效率,加强成员国之间的统筹和协调,减少重复投入和研究,促进研发合作与成果共享。

四、高技术战略

德国研究与创新政策以高技术战略为总纲。

自 2006 年起,德国联邦政府每相隔四年就推出一份高技术战略,共三次,汇集各参与方的智慧与共识,凝聚各领域、跨部门的研究与创新活动,形成系统化的创新网络布局;不再单独聚焦孤立的技术开发或研究课题,而是以高技术战略统观从基础研究到应用的整个价值网络。此外,德国联邦政府还积极推动国家战略从产业政策向创新政策转化。

2006 年,德国首次发布《德国高技术战略》,提出到 2009 年,德国政府的高技术投资总额将达到 146 亿欧元,其中,60 亿欧元是政府以研究与发展优先权为由为促进企业创新专门追加的资金。《德国高技术战略》确立了 17 个现代技术创新范围:安全研究、健康与医学、环境技术、光学技术、信息与通信、航空航天、车辆与交通技术、微系统技术、纳米技术、生物技术和材料技术等。通过实行该战略,国家和经济界在研发领域投入了前所未有的资金和精力,提高了德国在全球竞争中的地位,成功增加并整合了科研与创新投资。

2010 年 7 月,德国出台了《思想·创新·增长——德国 2020 高技术战略》,基于德国高科技战略的成功模式,强调聚焦于全球挑战、着眼未来和面向欧洲等战略新重点,提出了气候与能源、健康与营养、物流、安全和通信等国家需求领

域的思路和建议。

2014 年 9 月推出《新高技术战略——创新德国》，旨在把德国建设为世界领先的创新国家。该战略不仅制定了技术发展路线图，对优先发展领域的创新战略进行进一步明确，同时推出了更广泛的创新理念：创新不仅是技术创新，而且包括社会创新。高科技发展应与社会各界展开对话，为科技进步所带来的社会问题与挑战提出解决方案。如今德国高技术战略逐渐发展成为全面的、综合性的、跨部门的创新战略。该战略延续了《德国 2020 高科技战略》中所强调的能源、健康、电动汽车、安全等创新优先领域，并在此基础上将智能交通与智能服务等与数字化经济和工业 4.0 相关的科技创新列为优先发展领域。

第四节　德国经验的总结

二战后，德国在世界经济版图中一直占据重要位置，表现稳健而强劲。德国的实力得益于政府和私人研发机构之间的良好合作。德国整体研发状况强劲向好，一直以来大量极具创新性企业与发达的基础研究共同确保了德国的繁荣[①]。

（1）政府发挥主导作用，制定了连续系统的创新战略和创新政策。德国自 20 世纪 80 年代以来，将创新置于国家发展核心位置，不断出台创新驱动发展战略与规划，形成了连续性的创新战略和系统性的创新政策制度，成为引领和保障德国创新驱动发展方向的重要手段。德国科技创新的路径与美国激进创新的路径不同，政府在创新战略实施和创新政策制定上都很强调连续性、渐进性和系统性。

（2）完备的国家创新体系为德国研究与创新活动提供了持续的动能。德国强大的创新能力与其分工明确、统筹互补、高效运作的多层次公共科研体系密不可分。德国公共科研体系由四大非营利科研机构、公立科研院所和大学科研机构等构成，各机构分工有序、特色鲜明，研究力量配置合理，将政府、企业界、科技界以及其他社会力量全部纳入创新网络，通过紧密合作和信息共享实现创新知识的产品转化。

（3）企业创新主体地位突出，富有活力的企业对技术研发的持续投入。德国创新系统最具特色的就是拥有一批具有强大创新能力的企业，企业研发部门在德国的创新体系中扮演了非常重要的角色。首先，德国的研发投入主要来自企业（约70%）。其次，德国产业技术创新的主体主要是企业。德国 80% 的大型企业集团拥有独立研发机构。中小企业是德国创新的隐形冠军。德国联邦外贸与投资署的数据显示，2013 年德国约有 360 万家中小企业，占全部企业数的 99.7%，提供德国

---

① 张明妍：《德国科技发展轨迹及创新战略》，《今日科苑》，2017 年第 12 期，第 1~14 页。

79.6%的就业岗位，每年为经济发展创造价值占比 51.3%，已成为支撑德国经济的"骨架"。最后，德国政府鼓励扶持企业研发创新，鼓励企业与高校和科研机构合作进行技术研究与开发。

（4）中介服务发挥桥梁作用从而融化了产学研用间的边界。德国的中介机构种类众多，业务范围涉及对政府资助科技项目的立项进行评估和监督管理，为企业的创立和发展提供信息咨询和职业培训服务，以及从知识和技术的供给方向需求方进行技术转移等。科技中介服务机构在政府、科研院所和企业之间起到了桥梁纽带和组织协调作用，有效促进了知识和技术要素在创新主体间的流动。

（5）教育体制和教育资源培养的多种类型的优质创新人才。德国研究与创新活动成功的最重要因素是特别重视培养各类高水平的专业人才，教育体系是德国创新驱动发展的关键。一是培养科学研究型人才，二是重视培养高技术人才，三是注重培养职业技能型人才。双轨制职业教育培训体系对德国的技术生产力具有特殊意义，是德国制造业产品优良质量的根本保证。

第十章　日本的经验

日本从明治维新高举"富国强兵""殖产兴业""文明开化"的旗帜，到二战后在技术立国战略指引下形成官民一体的技术创新体制，再到科学技术创新立国战略，确立了日本在科学技术领域的领先地位，这种跨越式的发展主要得益于日本在每个发展阶段都提出了与之相适应的创新战略和科技政策。

第一节　明治维新到战后恢复

一、明治维新：移植西方科技体系

明治维新前，日本只是一个自然资源匮乏的落后封建岛国。经历长期的战乱后，1868 年日本封建幕府政权被推翻，拉开了日本走向崛起的帷幕。明治政府执政后，为推动日本政府和公众大规模引进西方先进的技术，结束长期封闭自守的锁国状态，提出了以"富国强兵"为总目标，以"殖产兴业""文明开化"为举措的三大国策，其主要特征是：依托政府的主导力量，依靠技术引进和技术普及，全面学习并移植西方近代科学技术体系，建立日本的科技体制，并把学习西方科技与保存民族优秀传统结合起来。

（一）积极引进西方先进技术

明治早期，日本的经济、技术基础还很薄弱。为促进科技和经济的发展，日本政府提出"殖产兴业"政策。其主要措施：一是专门设立了工部省，接收了幕府时期的军工企业和矿山，并通过引进先进的欧美技术来发展军工企业，在各官营产业中广泛引进、采用西方先进技术设备、生产工艺，学习和推广欧美国家的先进科学技术，最多时聘请外国专家达数千人。军工企业的快速发展使军事工业占据了重要份额，并为机械设备的生产奠定了技术基础。二是促进私营企业的发展，推出新的《抛售官有工厂概则》，将大部分国营企业以极低的价格和无利息长期分期付款的形式转让给民间企业；与欧美企业缔结许可证生产合同、技术协作合同等，通过反求工程（即倒序制造）快速消化吸收西方先进技术，成功实现技术转移和本土化。三是优先发展进口产业，减免进出口和企业税，为企业提供大量的贷款，促进现代产业体系的建立和完善。通过这一系列措施，日本在短时期内取得了工业化技术和国民经济的长足发展，不仅建立了全国的铁路网、电报网等公共基础设施网络，丝织业、棉纺织业、铁路车辆与机车、造船业以及电气机械等产业也得到快速发展，并且拥有当时亚洲最先进、最强大的军工企业和军事力量。对外贸易结构从明治初期以出口生丝、茶叶、海产品、矿产品、煤炭等资源型产品为主，转变为以出口棉纱、棉布等轻工业产品为主；进口则由成衣、棉纱等轻工制成品为主转变为机械、棉花等资本品和原料为主，形成通过积极出口换取外汇购置工业机械设备和引进国外先进技术的发展路径。

（二）建立近代教育制度

"文明开化"推动日本学习西方的科学技术、文化教育和生活方式，改造国民观念，促进封建社会向资本主义社会的转变。从举措来看，主要包括现代化教育改革和文化融合两个方面。现代化教育改革主要是通过颁布《学制令》《修正教育令》《实业学校令》等，废除封建教育，建立近代教育制度，对教育理念与模式进行了大范围的改革，鼓励全民接受现代化教育，实行强制性初等教育，将教育体系分为普通学校、实业学校和师范学校三大类，建立起第一所大学——东京大学，通过高薪招聘外籍教师和鼓励学生留学来引进吸收现代化的技术。西方先进技术、管理经验与日本本土文化在融合中难免存在一系列障碍，为促进文化融合，日本还鼓励开展国际化的人才交流，派遣大批学生到国外留学，聘请国外教师直接进入大学任教，为日本带来现代化的科学技术和教学模式，为培养本土科技、管理人才奠定了坚实基础。

（三）设立科技研究机构

明治维新后，日本政府设立了许多关于现代科学调查和实验的研究机构，如东京天文台、东京气象厅、日本国立卫生试验所、日本海军水路部、日本地质调查所等，初步形成了现代科技研究机构体系。之后，又成立了一些侧重于应用方面的研究机构，如电气试验所、农事试验场等。许多企业也开始建立自己的研发实验室。

明治维新实施近 20 年后，日本经济开始增长，在 1885 年至 1914 年近 30 年间，日本的国民生产总值翻了一番多，金属、机械、化学和其他重工业部门迅速发展，到 20 世纪 30 年代，它们的产值在制造业部门中的比例超过了 50%，这一增长的一个重要源泉就是技术进步。

二、战后恢复与赶超（1945～1979 年）

（一）战略抉择

二战后，日本经济濒临崩溃，工业技术水平也远远落后于美国：造船技术落后 30 年，钢铁产业落后 20 年，纺织技术落后 10 年。从劳动生产率看，煤炭和化学工业仅相当于美国的 5%，橡胶工业为 10%。

对于战后经济凋敝、物质匮乏的日本如何恢复发展经济，日本朝野意见纷纭，但有一点基本相同，那就是依靠科学技术振兴经济。为此，战后的日本为尽快缩短与欧美国家在科学技术和经济上的差距，走了一条捷径，即越过科学研究这一环节，从引进国外先进技术入手，结合自主研发，推动经济快速发展。

在这一时期，技术引进主要集中在钢铁、化学、电机、运输机械、电子等主导产业。这一阶段的科技发展战略的四个要素总结如下。

（1）战略思想：主要从美国等先进国家引进技术，经过消化、吸收，逐步改变日本产业结构，增强综合国力。

（2）战略目标：20 世纪四五十年代以生存为目的，恢复国民经济。20 世纪 60 年代以缩小与欧美国家的科技差距、推动经济增长、扩大社会经济基础为目的。

（3）战略重点：重工业和化工工业、电子技术、机械制造业。

（4）战略措施：1956 年成立科学技术厅，1959 年成立科学技术会议（首相任议长），1963 年开始建设筑波科学城。制定各种促进研究开发的优惠政策，如设立补助金、开发委托费，在税收贷款方面优惠，花费大量资金从国外引进大量技术专利。

在美国的监护和扶持下，日本大量引进国外先进技术，经过消化、改良和吸收后使其逐步成为自身的技术，继而对产业结构进行调整，大大增强综合国力，迅速实现崛起。

（二）科技体制改革

为防止军国主义死灰复燃，美国在监管和援助日本时主要采取了"非军事化"和"民主化"的科技措施，引导日本的科技由军用转向民用，日本开始了一系列的科技体制改革，并初步形成了日本战后的科技体制。1955 年日本政府推出了"经济自立五年计划"，首次提出了以经济建设为核心的科技政策，并在 1956 年成立了由振兴局、计划局、原子能局、资源局等部门共同组成，由国务大臣直接管理的科学技术厅，其职能是制定基本科技计划，对科学技术进行综合管理。1959 年日本又设立了作为总理府的附属机构的科学技术会议，由首相担任议长，其职能是制定综合的科学技术政策，确定科技发展目标。

（三）引进与消化吸收

战后的日本确立了通过引进技术发展本国经济的基本战略，特别重视实用性技术的引进。在 20 世纪 50 年代主要是直接引进发达国家的技术专利和设备来解决重建阶段的燃眉之急，日本所引进的多为成套的原装设备，如原子能发电设备、冷、热轧带钢机，大容量发电机等。为更大程度地鼓励企业引进和吸收先进的技术，相继颁布了《企业合理化促进法》《预扣赋税率制度》，对企业引进机械设备、技术予以减轻、免除税费或使用费。同时，日本将钢铁、电力、煤炭和造船定为重点发展产业，并围绕这些产业展开技术引进，其中电力机械、加工机械、化学、钢铁部门的技术引进数量占总量的 70%以上，到 1960 年，引进技术对日本工业产出的贡献率达到了 11%。早期的技术引进措施的制定，为日本技术引进指明了方向，也为日本科技发展提供了有力的保障。

随着经济的恢复，日本的技术引进策略发生了转变。1960 年推出的国民收入倍增计划指出，不能只依赖于引进外国技术，要实现本国的科技发展，提出了"一号机引进、二号机国产、三号机出口"的口号，更加重视对国外先进技术的模仿和改良，发展独立自主的科研力量。

（四）教育与产业的结合

科技人才是消化引进技术和保持高速发展的强大动力，日本政府十分重视通过教育培养科技人才。1957 年，日本在《科学技术者培养扩充计划》中提出在 1958 年至 1960 年增加 8000 名理工生，在《科学技术振兴教育方案》中又强调发展基础教育和数理学科，日本的教育事业也随之进入蓬勃的发展期。为使科技人才与产业发展需求有机结合，日本提出了《关于振兴科学技术教育的意见》，把产学合作列入科技教育的具体措施中，形成了以企业为主导力，以教育为依托的产学研相联合的创新模式。

可以看出，二战之后，日本为迅速恢复经济，将技术引进的重心转移到了民用、实用技术上，促使了其产业、经济的快速恢复，逐步实现了对技术的消化吸收与创新，缩小了与欧美发达国家的技术差距。20 世纪 50 年代中期到 1973 年第一次石油危机爆发期间，日本的经济持续以每年近 10%的速度增长，这正是高水平资本积累和技术进步共同作用的结果。

第二节　第三次科技革命中的政策调整（1980～1995 年）

一、内外部发展环境的变化

受 1973 年第一次世界石油危机以及 20 世纪 70 年代后期以微电子、新材料、生物技术等为代表的第三次产业革命的影响，日本的产业结构开始由资本密集型向技术密集型转换。技术密集型产业的主要特征是技术更新快、发展周期短、所需科研投入大、产品附加值高等。因此，只有具备了自主开发核心技术的能力，才能在竞争中掌握主动权。进入 20 世纪 80 年代，日本面临的内外部环境发生了重大变化，旧有的发展战略已不符合时代要求，必须根据时代的变化，重新制定新的国家发展战略。

另外，随着与欧美发达国家的技术差距的缩小，日本技术引进的空间也随之减小。到 20 世纪 60 年代末，日本的技术出口数量大幅增加，引起了国际社会的警惕，发达国家纷纷开始重视对输出技术的保护。同时，伴随着石油危机的爆发，大量进口石油的日本经济开始减速，物价上涨，出现滞涨的局面，一系列制约经济发展的社会问题也不断暴露，如环境污染、劳动生产力不足等。面对困境，日本积极寻求科技发展新思路，科技政策进入了调整期，并于 1980 年确立了"技术立国"的科技发展战略，提出要加强基础科学研究，培养创造性人才，提高自主技术开发能力，进一步提高日本的国际竞争力。

二、科技政策调整

在这一时期，日本政府为了实现从"科技模仿"向"科技创造"转移，更加注重基础性研究，将研究开发重点从应用技术逐步向基础科学方面转移，不过，它与欧美国家自然科学领域的基础研究不同，其重点始终是新技术方面的基础性研究。这一阶段科技发展战略的四个要素总结如下。

（1）战略思想：技术立国是日本的奋斗目标，有效地利用技术资源进行创造性的技术开发，提高竞争力和经济实力是日本发展的必由之路，日本国内各界对此已经达成共识。

（2）战略目标：建立完善的科研体制，形成自主开发尖端技术的能力。

（3）战略重点：着重加强新材料、电子、生物三大高技术领域的开发。新材料技术主要包括半导体、光纤、精细陶瓷、复合材料和高分子材料。电子技术包括电子计算机、产业机器人和通信技术。生物技术主要包括发酵技术、抗癌剂和单克隆抗体的研制技术。

（4）战略措施：强化政府职能，通过制定各种研发制度，加强对科技事业的导向作用。大幅度增加科研预算，1980 年日本研发费用总额为 46 838 亿美元，仅次于美国、苏联，政府直接主持重点领域的科研，如原子能、宇宙开发，还主持一些效果大、耗资多、时间长和风险大的领域的科研。

另外，日本政府认为，基础科学研究具有深远的意义，基础科学是整个科技发展的基础，为了自主掌握关键技术以适应国际形势的动荡和可能发生的变化，这一时期，日本还建立产学研一体化的科研体制，鼓励企业设立研究机构，自主开发新产品，开展队伍技术合作，吸引国外科技智力。日本制定了许多吸引海外优秀人才的具体措施。

三、加强对能源、环境等瓶颈问题的关注

由于能源问题已成为日本发展的瓶颈，日本先后推出了"阳光计划"和"月光计划"来推进能源研究，大幅提升研发费用，加大对煤炭、地热、氢气、太阳能、原子能等能源的开发，并着手开发提升能源利用率和能源再利用率的节能技术。同时，日本积极鼓励社会依靠科学技术来改善环境污染、应对能源危机，并于 1974 年成立了国立公害研究所，寻求环境问题的技术解决方案。环境污染和能源匮乏让日本对科技发展有了新的认识，高资源投入的重化工业的生产结构已经不适应新时期的经济发展了，日本的产业结构开始逐步向技术密集型产业转变。

四、加大基础研究力度

从技术引进走向自主研发，需要基础研究作支撑。作为靠技术引进发展起来的后进国家，日本的基础研究相对薄弱。1981 年日本政府颁布的《科学技术白皮书》特别强调了基础技术研究的重要性。通商产业省在同年颁布了"下一代产业基础技术研究开发制度"来推动基础技术的发展。1986 年日本推出了具有重要意义的《科学技术政策大纲》，把加强基础研究提高到技术研究的中心位置，制定了促进基础研究的资金措施，如实施向研究机构发放"科学技术振兴调整费"制度等。日本的基础科研经费得到了大幅提升，到 1987 年已占到了研发总经费的14.5%，并保持着上升的趋势。

五、发展高新技术

1986 年日本在《科学技术政策大纲》中规划了未来十年重点发展的高新科技

产业，提出电子信息、航天、海洋、地球、生命、材料、软件七大研究领域，并以新材料、生物技术、新元件为优先发展对象，突出了向技术密集型产业转变的战略目标。在这一发展目标下，日本的电子信息技术产业、网络技术、卫星技术等快速发展，高新技术产业在制造业中的占比从 1982 年的 17% 上升到 1992 年的 31%。

六、自主创新和产学研合作

20 世纪 80 年代开始，日本更加重视民间企业的自主创新，产业技术政策的重点从保护企业转向鼓励企业自主开发技术。科学技术厅、通商产业省、文部省、农林水产省、厚生省、建设省都设立了振兴企业科研发展的补助金，对民间企业的科技发展给予直接补助，并给予高技术基础研发取得价额 7% 的税收减免。日本还通过政府银行和金融公库对企业发放低息贷款，为企业自主创新提供资金保障。企业的研发投入大幅增加，纷纷增设研究部门，形成了第二次"研究所热"，研发经费在 1973～1987 年增加了 4.4 倍。

为充分调动日本产学研界的自主创新积极性，促进产学研的有机结合。通商产业省产业结构审议会制定的《八十年代通商产业政策构想》中明确提出了产学官合作体制，强调在人才、资金、设备等方面展开合作。1984 年科学技术会议第 11 号问询报告中，又对产学官进行了更为详尽的阐述，强调了产学官在日本科学技术发展中产生的作用，并提出政府会为产学研活动提供必要的指令和调整。

可以看出，技术立国战略的确立是日本在二战后技术积累与国际环境变化的结果。在技术立国战略的引导下，20 世纪 80 年代日本经济出现了又一次高潮，技术出口额大幅提升，成为亚洲经济和科技发展的领军国家。

第三节　泡沫危机应对（1996 年至今）

一、危机的产生及反思

随着日本技术水平的提升，产品及技术出口的迅速扩大，日本与美国的"贸易摩擦"日益加剧。为缓解国际压力，日本政府采取了扩大内需的措施，大量资金流向了房地产和股市，带来了空前繁荣的局面，但这种脱离实业经济、货币财富虚增的"泡沫"令政府不安，为制止"泡沫"膨胀，日本政府采取了紧缩性政策，但依旧影响了实体经济的发展。

20 世纪 80 年代中后期以后，随着知识经济的兴起，信息化浪潮带动了很多国家经济快速增长，而日本却成了这次浪潮的看客。不仅如此，随着泡沫经济的破裂，日本经济陷入了长达十几年的停滞期。

面对世界经济竞争的日趋激烈和本国经济的持续低迷，日本全面反思过去引以为荣的引进、消化、吸收、改进的技术发展之路，并逐步认识到，在国际竞争日趋激烈的今天，一个国家自主创新能力的强弱，将决定这个国家在新时代的国际地位和影响。为此，日本政府进一步丰富和发展了技术立国战略，提出了"科学技术创新立国"的新口号，以期实现发展模式的彻底转型，即由一个技术追赶型国家转变为科技领先型国家。

这一阶段科技发展战略的四个要素总结如下。

（1）战略思想：在巩固经济大国地位的基础上成为政治大国和地区军事大国。

（2）战略目标：告别"模仿与改良"时代，创造性地开发领先于世界的高技术，把科技重点放到"开发有独创性的科学技术"上来，力争从一个技术追赶型国家转变为科技领先型国家。

（3）战略重点：将生命科学、环境科学、信息通信技术、纳米技术、能源、制造技术、社会基础设施、前沿领域（主要是宇宙和海洋）纳入重点，其中前四项是重中之重。

（4）战略措施：变革科技组织体制，制定科学技术基本计划。日本于 2001 年在内阁成立综合科学技术会议（Council for Science and Technology Policy，CSTP）（具有制定国家科技发展战略，协调政府各省厅之间各个科技项目关系的职责）。从 2001 年 4 月起，89 个国立科研机构重新组合并成为 59 个拥有较大自主权的独立行政法人，实行民营化管理。根据 1995 年通过的《科学技术基本法》，每五年制定一次科学技术基本计划。计划到 2050 年培养 30 名诺贝尔奖获得者。不断加大对基础研究的支持力度，并在人力、物力、财力方面形成相配套的制度创新。加强国际合作研发与开发。

同时，面对人口老龄化、产业空洞化、赶超战略效力衰退和日益蓬勃的国际科技发展，日本意识到要完全摆脱技术引进与模仿，向未开辟的科技领域挑战，最大限度地发挥创造性，开发领先于世界的高技术，才能从一个技术追赶型国家彻底转变为科技领先型国家，科学技术创新立国战略应运而生。

二、加大科研投入，推动基础研究

尽管日本从 20 世纪 80 年代中期开始就强调基础研究的重要性，在一定程度上推动了基础研究的发展，但基础研究的整体环境依旧不容乐观，加上泡沫经济的冲击，更多的大学、企业将科学研究转向为可以快速见效的应用研究，侧重于对已有技术的改良，而非技术创新。为了扭转这种局面，1996 年通过的第一期科学技术基本计划强调要增加科研投入，改善科研环境，提高科技研发能力，尤其是创新性的基础研究能力。在随后的五期科学技术基本计划中也都强调了基础研究的重要性，并持续加大研发投入。2021 年 3 月，日本内阁发布第六期科学技术创新基本计划，出台系列举措支持科技创新，提出构建激发各创新主体能力的体制机制，加快新价值创造和前沿知识与科研能力提升。

三、完善产学官政策

在经济危机的影响下，日本的产学官体系也受到了冲击。为打破经济低迷、促进产业升级转型，日本政府从立法、体制改革和组织保障等不同层面推进产学官合作体制、机制规范化建设，使日本的产学官模式日臻成熟，出台了《关于促进大学等的技术研究成果向民间事业者技术转移法》《产业技术力强化法》等一系列法规、政策，鼓励学界和产业界之间的技术流通和转移，允许大学教师到企业担任管理职务，为企业和大学构建了交流的桥梁，同时也为大学研究注入了民间资本，开拓了资金来源。2017 年日本内阁会议出台的《科学技术创新综合战略 2017》提出要优化产学官协作以推进开放式创新，要求企业、大学、公共研究机构在提升各自竞争力的同时，加强人才、知识和资金的流动性，营造易于创新的环境，集结产学官的资源，形成有机合作、协同创新的阵地。

四、推进科研体制改革

2001 年日本设立了拥有更大权限的综合科学技术会议代替科学技术会议来制定科技政策，但受限于长期以来日本管理体制的松散，无法将政策协调作用发挥到最佳。而且日本的科研主体多为企业和单位，为了集体的利益统一，这样封闭的学术体系并不适合交流和创新。

2001 年日本推出了第二期科学技术基本计划，提出了对科技综合管理机构——内阁的改革办法，综合科学技术会议（2014 年 5 月起更名为综合科学技术创新会议）被指定为四大政策会议之一，由首相领导，科学技术政策担当大臣直接负责，会议的规模和权威都得到了很大程度的提升。同时日本政府对各个部门及其下属机构进行了压缩，将中央 22 个部门压缩为 13 个，特别是将文部省和科学技术厅合并为文部科学省，改变了学界和研究机构之间的竞争模式，增进了两者之间的技术交流，促进了基础研究，使得产学研更加紧密地联合在一起。同时将国立机构（如国立大学等）的性质改变为"独立行政法人机构"，提升了大学和科研机构的科研自主权，提高了科研人员流动性，为科研活动注入了活力。为加强综合科学技术与创新会议的"司令塔"功能，推进科学技术创新活动资金的改革，《科学技术创新综合战略 2017》还提出了推进相关科学技术创新政策制定、扩大科技创新领域官民共同投资、提升大学或公共研究机构从政府以外获取外部资金的能力等一系列政策措施，以实现科研经费强度达到 GDP 占比 4%的硬性目标。

五、瞄准科技前沿

在科学技术创新立国战略的引导下，日本在科技前沿取得了一系列举世瞩目的成就，特别是在发光二极管（light emitting diode，LED）、诱导多能干细胞等前沿科技领域取得了突破性研究成果，截至 2022 年获得诺贝尔奖的科学家人数排名世界第二。2016 年发布的第五期科学技术基本计划提出日本应当具备战略上抢先行动（前瞻性和战略性）、切实应对各种变化（多样性和灵活性）的能力，并在相关前沿领域和与经济社会发展特别紧密的领域进行布局，包括超智能社会（Society 5.0）、提高能源利用效率、资源循环利用、食品安全和稳定供应、尖端医疗技术、应对全球性气候变化和应对生物多样性挑战，以及海洋、空间开发、利用等。

科学技术创新立国战略的实施，推动了日本新产品、新技术的研究开发，日本新申请的工业知识产权数显著增加。日本在汽车、液晶电视、计算机以及集成电路、半导体元器件等应用技术研究方面，保持了世界一流的技术水平；在诱导多能干细胞、新超导物质发现以及太阳能电池、燃料电池、锂电池、蓝色激光技术等基础研究领域也获得了举世瞩目的科技成果，并涌现和培养了一批世界顶级专家。

第四节　日本经验的总结

一、日本科技战略特点

从明治维新时期的技术引进到技术立国战略，再到注重基础研究和独创性自主技术开发的科学技术创新立国战略，日本科技创新战略和政策与其当时的经济、社会发展阶段不断适应，表现出鲜明的阶段性特征，且呈现出国际化与本土化相结合、整体把握与重点突破相结合、技术追赶与自主创新相结合的特点①。

一是日本在制定科技政策的过程中始终坚持放眼全球、兼顾自身。日本在经

---

① 邓元慧：《日本建立科技强国的轨迹和发展战略》，《今日科苑》，2018 年第 2 期，第 35~46 页。

济、科技基础薄弱时期，选择了技术引进、消化、吸收、改进的追赶战略。当随着科技发展呈现出多极化、多样化、多层次的态势，单靠技术引进策略已无法满足日本自身的发展需求时，日本及时调整了科技发展的策略，强调基础研究的重要性，培育自主创新，并加强了产学研和国际交流合作，为日本科技创新带来了新的发展动力。

二是整体把握与重点突破相结合，运用政策工具推动和引导重点领域的优先发展。全面开花显然不适合后进国家实现追赶，二战后初期日本确立了"倾斜式发展"战略，优先发展了煤炭、钢铁、电力、造船等工业基础领域，同时积极引进机械、电子、化纤、石油化工为主的新兴工业。而在科学技术创新立国阶段，日本自身显示与科技发展趋势紧密结合，提出了产业结构由资本密集型产业向技术密集型产业发展，重点发展领域逐渐转向了如电子信息技术、航天技术、生物技术等高新技术的战略和政策，保证了国家的竞争力。

三是长期重视研发投入，强调基础研究的重要性。日本的基础研究在整个研发投入中的占比一直维持在 11%以上。相比之下，我国基础研究在研发投入中的占比一直在 5%上下。2010 年之后，日本更是将强化基础研究作为科技领域的长期发展战略等政策导向，日本政府、科研院所、民间企业在基础研究领域也各取所长、密切配合、系统推进。在《科学技术创新综合战略 2017》中，日本政府还提出了促进民间企业投入符合产业发展需求的基础研究的相关举措，以促进基础研究的开展。

二、可借鉴经验

从日本建立科技强国的发展历程看，主要有以下几点经验值得借鉴。

一是构建健全的科技管理体制。通过不断实践和改革，日本的科技政策中央咨询决策机构经历了从科学技术会议到综合科学技术会议再到综合科学技术创新会议的演变，构建"内阁主导"的"自上而下"政策形成机制，弥补决策分散、缺乏协调性等不足。同时，日本政府作为策划、制定、推动政策措施的主体，对科技发展的趋势与轮廓进行了细致的构思，不断根据发展状况进行调整，并注重为科技发展提供法律支撑。

二是坚持推动企业成为自主创新主体。随着日本市场经济的建立，企业成为日本科技创新的主体，无论是科技投入还是科研人才都占据很大的优势。日本确立了科学技术创新立国战略后，日本民营研究机构在基础研究的投入比重也不断加大，基础研究和开发研究都呈现出较大的上升趋势。日本企业对技术创新能力的培养，为将日本技术发展引入新的阶段提供了巨大能量。

三是大力培育自主创新的科技人才。人才是日本科技发展突飞猛进的基础。

自明治维新开启了日本现代化教育的大门起，科技人才培养就成为每一个发展阶段的重要任务。日本政府制定了多项政策支持教育及科研机构培养多样化的高层次创新人才，从义务教育阶段开始培养人才的创新能力，在高等教育阶段注重产学研联合培养创新型人才，为科学技术创新立国战略的实施奠定了坚实的人才基础。

第十一章　韩国的经验

20 世纪 50 年代之后，韩国满目疮痍，加之面积狭小、资源贫瘠，发展前景一片黯淡。但是，韩国却奇迹般地经历了半个多世纪的高速发展，一跃成为"东亚四小龙"之首，创造出令世人震惊的"汉江奇迹"。

韩国能在短短数十年间跻身发达国家行列，离不开其科技体系的引导和支撑。韩国 20 世纪 80 年代初和 21 世纪初的两次"科技兴国"战略开启了科技产业崛起之路，这是其突破"中等收入陷阱"的核心原因。

从发展历史看，韩国通过前期引进技术，迅速建立起比较现代化的工业体系，并调整本国的产业技术水平出口结构，缩短了与发达国家之间的技术差距。但是，在引进吸收的同时，韩国并没有放弃自主创新。特别是在 1997 年亚洲金融危机重创本国经济之后，韩国改变了原有的以引进与消化为主的科技发展模式，科技发展战略向自主创新与消化吸收并举转变，政府加大力度扶持民间企业，建立了以民间企业为主体、以民间研究体系为主导的科技创新体系，为韩国国民经济的持续发展提供了强大动力。

第一节　20 世纪韩国科技发展情况

一、"工业立国、贸易兴国"的国策

二战后，韩国经济到了崩溃的边缘，为了快速发展经济，韩国选择了"工业立国、贸易兴国"的国策。1962 年，韩国制定了第一个五年经济发展计划，以建立出口导向型工业国家为发展目标。这一时期是韩国现代科技发展的起步阶段，在美国的援助资金和日本的战争赔款支持下，韩国开始了工业化进程，建立了纺织等劳动密集型轻工业。

20 世纪 70 年代，韩国政府将钢铁、机械、造船、电子、非金属和石油化学工业作为重点发展的战略性产业，鼓励企业建立自己的技术开发部门进行研究与开发投入，培养企业的研发能力及技术创新能力。1972 年，韩国颁布《技术开发促进法》。同时，韩国政府加大了研究开发经费的投入，持续加强对基础科学研究活动的支持力度，并在 1977 年建立了"韩国科学基金会"。韩国最大的科学技术研

究中心——大德科学城就是在这一时期建立的。韩国在 20 世纪 70 年代逐步实现了由劳动密集型轻工业向重工业的转变。

二、科技管理体制和法律法规的形成

韩国采用的是与我国类似的集中式科技管理体制。1962 年，韩国颁布了第一次科学技术振兴五年计划，同年成立了负责科学技术宏观管理的技术管理局。1967 年，韩国政府在技术管理局的基础上成立了科学技术处（现为韩国科学技术通信信息部）。

从 20 世纪 60 年代开始，韩国政府颁布了一系列科技相关法律法规，为韩国科技实现从引进、模仿向自主创新转变和国家创新体系建设提供了坚实的制度保证。这些科技法规都有对应的实施令（有的法规还附有实施细则），对科技法规规定的事项及具体实施进行必要的补充说明。

由于韩国工业基础薄弱，在科技发展起步阶段，不得不选择依赖引进技术的经济发展模式。1960 年，为推进技术引进工作，韩国政府颁布了《技术引进促进法》；1966 年，颁布《韩国科学技术研究所培养法》；1967 年，颁布《科学技术振兴法》。在这些法理基础上，韩国先后建立了技术管理局（1962 年）、韩国科学技术研究院（1966 年）、科学技术处（1967 年），逐步建立起国家科研体系。

20 世纪 70 年代，韩国工业逐渐由劳动密集型轻工业向资本密集型的重工业和化学工业转变，此时韩国需要对引进技术进行消化吸收、模仿和创新，借以形成自己的技术创新体系。为此，韩国先后推出了《技术开发促进法》（1972 年）、《专门机构促进法》（1973 年）、《技术评估法》（1973 年）、《国家技术资格法》（1973 年）等一系列法律，鼓励企业设立技术研究所。为促进企业对引进技术的消化、吸收和再开发，提供了一整套促进技术研发投资的税收及金融优惠政策措施。

三、正式提出"科技立国"战略

1982 年，韩国正式提出"科技立国"战略，并明确其主要目标是利用先进技术改造原有产业。进入 20 世纪 90 年代，韩国政府为减轻对发达国家的技术依赖度，进一步丰富和发展"科技立国"战略，开始重视发展本国的高新技术产业，促进产业结构的优化升级。进入 21 世纪，为应对日益激烈的国际科技竞争格局，韩国政府又提出"第二次科技立国"战略，核心内容从"引进、模仿"创新转变为"创造性、自主性"创新。

从 20 世纪 80 年代开始，韩国调整了国家发展策略，开始了由"工业立国"

向"科技立国"的转变，将提升国家自主创新能力作为主要发展目标。同时，围绕新的科技发展战略和目标，政府制定了包括人才开发、产学研合作、科技管理体制改革、财政与税收优惠政策等一系列政策措施。这一时期韩国科技政策的另一个显著变化是，政府加大了对工程技术研发活动的财政、税收支持力度。此外，还建立了"情报综合中心"为企业创新提供技术指导和技术信息。在政府的大力支持和引导下，韩国民间企业对研发经费的投入呈快速增长趋势，民间研发经费总额超过了政府研发投入总额。

进入 20 世纪 90 年代之后，各发达国家纷纷加强技术封锁，世界整体贸易环境日益严峻，1997 年爆发的亚洲金融危机更是重创了韩国经济。在这样的背景下，韩国科技发展战略开始由以引进与消化为主向自主创新与消化吸收并举转变，开始强调产学研相结合，建立以民间研究开发体系为主导的科技创新体系，同时促进产业结构由劳动密集型向技术密集型转变。

四、政策法规的成熟和完善

进入 20 世纪 80 年代后，韩国由"出口驱动"政策向"技术驱动"转变。为了进一步推动科技管理体制的建设，韩国政府于 1982 年召开科技振兴扩大会议，到 1988 年该会议改为由民间召开，而政府则成立了科学技术委员会，负责科技发展宏观决策和调控任务。1997 年亚洲金融危机之后，韩国政府总结并反思了经济危机的经验教训，对国家科技体制进行了重大调整。1999 年，韩国政府对《科学技术创新特别法》进行修订，将科学技术处（副部级）升级为科学技术部（正部级），并在原有的科学技术委员会的基础上建立国家科学技术委员会（后于 2008年改建为国家科学技术审议会，2018 年并入国家科学技术咨询会议），科学技术部则作为国家科学技术委员会的秘书处，委员长由总统担任，副委员长由科学技术部部长担任。

进入 20 世纪 80 年代之后，由于世界各国都认识到科学技术在国家竞争力方面的重要作用，开始强化知识产权保护并限制技术出口。在此背景下，韩国发展模式由出口驱动型向技术驱动型转变，韩国政府对法律法规进行了相应的修订，如 1981 年对《技术开发促进法》进行了修订。1999 年，为了强化科学技术对经济发展的支撑作用，韩国政府对《科学技术创新特别法》进行了修订，根据修订后的《科学技术创新特别法》，对科学技术委员会进行改组，同时扩大其原有职能，成立国家科学技术委员会，增设了韩国科学技术评价院（韩国科学技术企划评价院的前身），制定了企业科技开发与援助计划，强化了国家对科学技术的领导力量。

第二节　21 世纪起韩国科技政策和体制

一、科技计划和规划

21 世纪初，韩国把建立创新主导的经济结构和建设科技中心社会作为经济社会发展的基本目标，通过大力改革与完善国家科技创新体系和最大限度地提高研发效率，为产业和经济发展提供持续、坚实的支撑，并成为 21 世纪最初几年韩国科技体制改革和科技政策调整的主要着眼点，进而提出了《2025 年构想：韩国科技发展长远规划》、科学技术基本计划、国家技术创新体系构筑方案等一系列发展规划和政策措施，确定了国家中长期研发投资方向和未来优先发展技术领域。

韩国根据不同时期国家发展战略的需要，选择合适的科技发展道路并确定优先发展产业，实现了从单纯引进设备到完全自主创新的跨越，同时创新的主体也由政府主导变成了企业主导，真正实现了让企业成为市场创新主体的发展目标。

二、《科学技术基本法》

2001 年制定颁布的《科学技术基本法》是韩国科技领域的根本大法。其宗旨是为科学技术发展奠定基础，鼓励进行科技创新，增强国家竞争力，促进国民经济发展，提高人民生活水平，为社会发展做出贡献。该法规定，当制定或修订其他科学技术相关法律时，应符合《科学技术基本法》的宗旨及基本理念。《科学技术基本法》及其实施令和实施细则对主要科学技术政策、科技管理体制、国家研究开发事业的调查、科学技术预测、技术影响评价及技术水平评价、科学技术投入与人力资源、科学技术基础建设、创新环境营造等方面进行了清晰、详细的规定。

为了更好地进行科技预测、技术影响评价和技术水平评价，韩国政府依据《科学技术基本法》成立科学技术企划评价院，并明确了科学技术部等部委以及地方政府在科技管理中的地位和职责范围。自此，韩国建立起了较为完整的现代科技管理体系和科技发展支撑体系。2008 年，李明博政府对韩国政府部门进行精简，取消了科学技术部，将其职能划分到新成立的教育科学技术部和知识经济部。在朴槿惠执政时期，韩国对教育科学技术部进行了重组，再次将科技管理相关部门单列出来成立未来创造科学部。同时将国家科学技术委员会改为国家科学技术审议会，委员长则由总统变为总理，总统不再直接参与国家科学技术审议会的管理。

韩国政府于 1989 年成立的国家科学技术咨询会议在设立之初仅针对制定国家科技发展战略和完善国家科技领域制度政策向总统提供科技咨询。2017 年，文在寅政府对科技管理部门进行了较大规模的改组。在未来创造科学部的基础上组建成立了科学技术信息通信部。同时将国家科学技术审议会职能与国家科学技术咨询会议职能进行合并，于 2018 年 4 月成立新的科学技术咨询会议，议长为总统，副议长由民间人士担任，同时设监事 1 名。这种做法实际上是将科学技术政策建议、制定、审议和执行的主导权集中在由总统主导的科学技术咨询会议之中。

第三节 韩国科技政策和战略

一、科学技术基本计划

1999 年之前，韩国的国家科技管理体制实行分散管理，即各部委单独列计划，分别进行预算申请，这样往往造成国家计划的重复设置，为改变这种情况，韩国政府需要确定科学技术的中长期发展方向、目标及政策。为此，根据《科学技术基本法》第 7 条，科学技术信息通信部每五年综合中央相关行政机关科技计划和措施，制定科学技术基本计划并交由国家科学技术审议会审议决定。韩国政府迄今共实施了四次科学技术基本计划，第四期科学技术基本计划的核心目标是：利用科技提高国民生活水平，发展科技，服务人文社会；到 2040 年，拟实现"富饶的世界"、"便利的世界"、"幸福的世界"和"与自然和谐相处的世界"。

二、中长期科技计划

除了科学技术基本计划之外，韩国各中央行政机关根据相应法律规定，也设立了许多实施周期在 5 年以上的中长期科技计划。为调查科学技术基本计划和各部门中长期计划的关联性，更好地统筹协调政府科研经费的分配，避免项目的重复立项，根据《科学技术基本法实施令》第 3 条，韩国每年都对中长期科技计划进行统计和分析。

三、科技管理专业机构

韩国和大多数国家一样，为了对科技项目进行专业化和科学化管理，采取了设立专业机构管理科技项目的模式。根据《科学技术基本法》第 11 条第 4 项，韩国中央行政机关所管辖的各类国家研发计划相关的企划、管理、评价及成果推广等工作，都交由指定的专业机构负责进行具体管理。韩国各部委都有指定的专业机构。
在所有的专业机构中，规模最大的是韩国国家研究基金会（直译为韩国研究财团），2009 年 6 月由韩国科学基金会、韩国学术振兴基金会、国家科学技术协作基金会合并而成，其职能与我国的国家自然科学基金委员会较为类似，但资助对象除了自然科学研究，还包括人文社科研究，被誉为"专业机构的国家代表"。其2017 年度预算达到 48 017 亿韩元（按 2017 年 2 月汇率，约为 41.89 亿美元），占韩国当年政府研发预算（194 615 亿韩元）的 24.67%。

四、《科学技术未来战略 2045》

自 1999 年以来，韩国以十年为周期制定科技发展战略。继《面向 2025 年的科学技术发展长期蓝图》（1999 年）、《面向 2040 年的大韩民国梦想与挑战：科学技术未来蓝图》（2010 年）后，韩国政府于 2020 年 8 月 26 日发布第三版国家中长期科技发展战略——《科学技术未来战略 2045》，提出了至 2045 年韩国科技发展的蓝图、面临的挑战和主要政策方向。与前两版不同，《科学技术未来战略 2045》强调以应对挑战和转型为核心，大力发展能够提高民众生活质量和经济发展质量、为人类社会做出贡献的科技，并期待到 2045 年构建出安全健康、繁荣便利、公平诚信、对人类有所贡献的社会。《科学技术未来战略 2045》提出八大未来发展将要面临的挑战，并将生命科学、数学、新材料等基础科学视为应对相关挑战的基础。同时，《科学技术未来战略 2045》从科技发展相关主体、科技发展空间（区域与全球）、政策环境三大维度确立了八大政策方向。

五、韩国科技和产业成就

韩国是科技强国，在很多方面都具有世界领先的地位，于 2021 年正式被联合国贸易和发展会议确定为发达国家。二战结束至今能够由发展中国家成功晋升为发达国家的寥寥可数，不到 10 个国家。

韩国非常注重科学技术的发展。根据 2019 年经济合作与发展组织公布的数据，韩国研发投入位居全球第五，为 999.7 亿美元。

韩国的资讯科技产业多年来一直执业界之牛耳，制造业与科技产业发达，除高速互联网服务闻名世界外，内存、液晶显示器、等离子显示屏等平面显示装置和移动电话都在世界市场中居领导地位。

2022 年，三星手机出货量为 2.6 亿台，占全球市场份额 21.6%。

在电视机出货量方面，三星电子 2018 年出货数量为 3995 万台，总出货量是行业第一。LG 电子的 2018 年出货量排名第二。

芯片：半导体分析机构 IC Insights 发布的调查报告显示，2021 年第一季度全球 TOP15 半导体［集成电路和 OSD（光电器件、传感器和分立器件的缩写）］厂商营收共 1018.63 亿美元，同比增长 21%。其中韩国三星稳居第二位置。从国家和地区来看，TOP15 中有 8 家厂商总部位于美国，韩国、中国台湾地区及欧洲各有 2 家，日本则有 1 家。

网络通信：韩国是经济合作与发展组织成员中首个无线宽带普及率达到 100% 的国家。韩国公司 Naver 做的即时通信应用 Line，目前是亚洲除了微信外使用人数最多的社交应用，在国际化方面甚至比微信还成功，其在日本的活跃用户数长期排名第一。2021 年，社交应用 KakaoTalk 在全球拥有 2.6 亿注册用户。韩国是除中国以外，整个亚洲网络通信最发达的国家。

航天业：韩国首架国产超音速战斗机 "制空号"（F-5E/F）由大韩航空研制，于 1982 年 9 月 9 日首飞成功。进入 21 世纪以来，韩国的航空产业也得到了突飞猛进的发展。2009 年 7 月，韩国首次研制出国产运输直升机 "Surion"。2011 年，首次开发出 "无人智能飞机"。2011 年 5 月，韩国航空航天工业公司基于 T-50 超音速教练机研制的轻型攻击机 FA-50 首飞成功。T-50 超音速教练机出口至印度尼西亚，也使韩国成为世界上第六个出口超音速飞机的国家。

造船业：凭借在高附加值船舶领域的优势，韩国造船业于 2018 年、2019 年连续两年排名全球第一。

机器人：韩国工业机器人的保有量居世界第三位。韩国在纳米级搬运机器人系统和高密度革新制造工程用机器人领域已经掌握了世界领先的核心技术。韩国现代机器人、罗普伺达机器人、东部机器人、斗星机器人和阿尔帕机器人是韩国目前最具影响力的五大机器人厂商。

汽车：韩国当地有五大整车厂，即现代、起亚、通用大宇、双龙、雷诺三星，从销量上看，现代起亚汽车集团是 2019 年全球第五大的汽车集团。

教育：2022 年 QS 大学排名中，韩国有 6 所大学进入前 100，分别是第 36 位的首尔大学、第 41 位的高等科技学院、第 74 位的高丽大学、第 79 位的延世大学、第 81 位的浦项科技大学和第 97 位的成均馆大学。

第四节　韩国经验的总结

一、重视科技战略规划

韩国非常重视用科技法规对科研活动进行规范，有关科学技术的法律已有 200 余部，占韩国法律法规的 1/4。主要的科技法律有 1989 年出台的《基础科学研究振兴法》、1997 年颁布的《科学技术创新特别法》和 2001 年制定的《科学技术基本法》等。这些法律在更好地为科技创新服务的同时，还加强了政府制定、实施创新政策和科技政策的宏观调控能力，健全和完善了国家科技发展和创新体系。

韩国的科技法律法规条文内容详细，并且有实施令和实施细则相匹配，对韩国科技政策制定、计划设定和实施、各机构的职责和工作内容有着非常明晰的界定，并且韩国政府会对科技法律法规不断进行修订，以保证韩国科技在各个流程和环节都能够做到有法可依、有法必依。反观中国，也有《中华人民共和国科学技术进步法》等科技法律法规，但是与韩国相比，中国的法规更多的是起着政策引导作用，而对具体的科技发展体系构建、机构职责、计划设定和执行等方面缺乏明确的界定，这就容易造成对相关条文进行过度解读或者误读的现象发生。因此，建议我国对《中华人民共和国科学技术进步法》进行修订，或者出台类似于韩国《科学技术基本法》那样的科技类根本大法，对我国的科技体系建设、发展和工作内容进行明确的说明，为国家创新体系的建设提供有力的法律保障。

在法律保障和机制建设的基础上，韩国政府非常重视科技战略规划和技术预测及评价等工作，以便于政府制定科技规划，并使之得到有效的贯彻落实，从而更好地推动国家经济的发展。在《科学技术基本法》及其实施令中，对如何开展技术水平评价、技术预测和制定科学技术基本计划进行了详细的规定。

从 1994 年起，韩国每隔 5 年进行一次科学技术预测，截止到 2017 年，共进行了 5 次。

二、不断加大科研投入

随着经济实力的不断增强，韩国在科研经费上的投入也在不断增加。有了较为充裕的经费支持，韩国的科技实力明显提升，而不断进步的科技实力又为经济发展注入了新的动力，形成了较为良性的循环。近年来，韩国政府和民间对科技投入不断增加，从全球研发强度（国内研发支出占 GDP 的比重）来看，根据经济合作与发展组织在 2021 年 3 月 18 日公布的数据，以色列和韩国研发强度达到了 4.9% 和 4.6%，研发强度分列第一位和第二位。2021 年韩国研发总经费（999.7 亿美元）排在美国、中国、日本和德国之后，位居世界第五位，超过了法国和英国等西方发达国家。

三、重视科研机构建设

韩国的科研机构主要由三部分组成：公共科研机构、大学和企业。

　　韩国公共科研机构的前身是国立研究机构——由韩国各级政府设立和运营，1998 年达到了 74 家。之后，为了提高其科技创新能力，激发创新活力，逐步将政府直接管理的国立研究机构转变为政府资助的公共科研机构，将所有权和经营权适当分离。为便于对公共研究机构进行管理，提高资源利用效率，韩国政府在 1999 年颁布了《政府资助研究机构的设立、运营和育成法》，对 43 个政府资助的公共研究机构进行分类管理。后来经过多次重组合并，所有的研究会都合并成为韩国国家科学技术研究会，隶属于韩国科学技术信息通信部，下设 25 个公共研究机构（由原来的 43 个机构合并重组而成），其中就包括著名的韩国科学技术研究院、韩国基础科学支援研究院等研究机构。

　　首尔大学和韩国科学技术研究院是韩国大学中在科学技术研究方面占主导地位的两所大学。首尔大学是韩国最大的国立综合大学，以人才培养为目标，以基础研究为主，其基础研究经费所占比重超过 40%。首尔大学与各大基金会有着广泛的合作，在半导体、材料、能源等方面有着强大的科研实力，是仅次于大德科学城的韩国第二大科研基地。韩国科学技术研究院实质上是韩国最大的理工大学，建有数量众多的技术创新中心和产业孵化器，被誉为韩国基础研究和高技术研究的摇篮。

　　企业已经成为韩国技术创新体制的骨干力量，在所有的韩国企业中，三星集团、LG 集团和现代汽车集团的研发经费占前三。以三星集团为例，其 2016 年研发费用已超过 130 亿美元，在世界范围内仅次于德国大众汽车集团。三星集团下属的三星综合技术院是韩国企业研究院的典型代表，也是三星集团的核心研究机构，以攻克当前信息技术瓶颈为重任，同时对未来发展技术进行基础性探索研究，目前主要在计算与智能、通信与网络、嵌入式系统解决方案、显示器、半导体、微系统、能源与环境、生命与健康和高级材料等九个领域进行了大量前沿研究和开发工作。除三星集团之外，韩国浦项制铁集团公司、LG 集团、现代汽车集团等韩国著名企业也都有自己的研发机构。

四、注重人才培养

　　韩国政府历来重视对科技人才的培养，先后制定了理工科人才培养、支持基本计划，女性科技人员培育、支持基本计划等人才发展中长期政策与计划，以扩大理工科专业人才队伍。韩国研究人员数量和女性研究人员数量也在逐年递增。

　　在韩国实施的科技人力资源中长期供求展望调查中，对理工科人才的培养、利用及待遇等的调查显示，2009～2018 年科技领域人才资源供应大约为 123 万人，人才需求约为 99 万名，博士以上研发人才的供给超过需要，这为人才培养政策从人才数量的扩大向质量的提升转变提供了重要依据。

目前，韩国人才培养政策从追求扩大科技人才规模向提升国家创新能力为主转变。韩国在 2010 年实施了"未来基础科学核心领军人才计划"，这个计划的主要目的是积极发掘在基础科学领域拥有潜力的优秀硕博人才，围绕物理、化学、生物、数学等基础科学领域，支持创造性的个人研究，培养未来基础科学核心领军人才。

五、注重企业技术创新

为了提高国家整体创新能力，激发企业的技术创新活力，1997 年，韩国颁布了《科学技术创新特别法》。2001 年，为了加强对创新成果和知识产权的保护力度，韩国政府对七部知识产权法及其相关法律进行了修改和完善，以保障韩国企业的技术创新积极性。

韩国是一个高度自由化的市场经济体，企业之间竞争激烈，而为了在激烈的市场竞争中存活并发展壮大，企业自身也有着强烈的技术创新需求。同时韩国企业非常重视品牌价值的积累，加上韩国政府对于保护产权非常重视，使得企业有足够的动力去发展新产品，这种发展模式使生产与科研的关系更加密切，加速了科研成果向实际生产力的转化，客观上加强了韩国技术创新对经济发展的推动作用。

韩国政府在不同时期，先后注重对钢铁、汽车、半导体等重点行业进行引导和扶持，经过数十年的发展，已经涌现出一大批大型跨国企业，如三星集团、现代汽车集团等知名企业。近年来，韩国企业投入的研发经费约占韩国全部研发经费的 75%，该比重超过了美国、德国等西方发达国家，而韩国的专利数量也是连续上升，2016 年企业授权专利数达到 52 149 件，占韩国当年专利授权总数的 76%。

韩国当初并没有走自主创新之路，而是选择了先技术引进、再模仿制造的道路，但是随着经济和技术水平发展到一定程度，韩国政府开始注重引导企业走自主创新之路。在鼓励企业竞争的同时，韩国政府也对企业的知识产权进行了保护。比如，韩国政府会牵头组织企业购买民间专利，同时给予补贴，在企业开发专利产品之后，政府优先购买，保证企业能够推广获利，因此，在韩国拥有自主知识产权的品牌，成为创业者最原始的动力。同时，韩国政府给予企业很多优惠政策，培养企业自主创新意识，并鼓励企业间合并，淘汰落后产能。而我国由于种种原因，在知识产权保护上一直较为薄弱，国民保护知识产权的意识较为缺乏。因此，我国应加强对知识产权的保护力度，对于侵犯知识产权的个人或单位，必须从重从严从快进行处罚，在全社会形成知识产权保护的良好氛围，让自主创新者能够免除后顾之忧，全身心地投入到自主创新活动中，从而激发全社会的创新活力。

韩国政府鼓励企业间的合理竞争，从而激发企业自主创新活力。在"鲇鱼效应"的带动下，韩国企业也积极主动地寻求和发展自主创新技术。而我国人口众多，劳动力价格低廉，大部分企业依赖购买现有技术就可以保证企业盈利，所以对投入研发经费缺乏动力，对研发活动的重要性缺乏预见。国内一些行业虽然获得了国家在各方面的扶持政策，但是由于企业自身创新动力不强，加之长期依赖政策保护，习惯于在低技术水平上进行简单模仿，缺乏技术创新发展的动力，反观那些积极参与国际竞争的中国企业却在激烈的市场竞争中得到了飞速发展。我国可借鉴韩国发展经验和政策，强化竞争机制，促进创新型企业的成长，营造企业自主创新的竞争环境。

制胜未来：
中国科技强国之路

第四篇

第十二章　建设科技强国关注重点

第一节　世界科技发展的新趋势、新特点

一、科学技术在诸多领域出现重大突破

近几年，新科技革命与产业变革持续深入，科技创新在累积中逐渐进入"加速道"。

（一）2019十大科学突破

《科学》杂志官网在2019年12月19日的报道中盘点了2019年科学领域的累累硕果，选出了年度十大科学突破[①]。

1. 人类历史上首张黑洞照片问世

为了一窥黑洞"真容"，科学家联合遍布全球的8个射电天文台，通过甚长基线干涉测量技术，模拟出口径和地球直径相当的望远镜——事件视界望远镜。这一望远镜拍摄下的首张黑洞照片，使人类第一次看见了位于星系中心的引力怪兽。这个黑洞位于一个名为梅西耶87（M87）星系的中央，质量是太阳的65亿倍。

看见黑洞不仅再次证明了爱因斯坦的正确性，也为将来揭开与黑洞有关的种种谜题奠定了基础。进一步研究或许能为构建"大一统理论"带来新线索，这无疑是一个里程碑式的成就。

人类首张黑洞照片凝聚了全球200多位科学家的心血，其中包括多名来自中国的科学家。中国科学院上海天文台台长沈志强对媒体表示，中国科学家在望远镜观测、后期数据处理和结果理论分析等方面做了突出的贡献。

2. 人类学"新晋网红"——丹尼索瓦人

人类学2019年迎来"新晋网红"——丹尼索瓦人，她们是尼安德特人的姊妹，

[①] 《科学杂志评出2019十大科学突破：首张黑洞照片居首》，https://baijiahao.baidu.com/s?id=16534933311 91042665&wfr=spider&for=pc，2023年3月23日。

曾在亚洲各地繁衍生息。

2019 年的多项研究让科学家对丹尼索瓦人有了进一步认识。包括中国科学院院士、中国科学院青藏高原研究所研究员陈发虎等带领的研究团队，通过一种新蛋白质技术，确认一块来自青藏高原的颌骨属于丹尼索瓦人；另一组科学家则利用基因技术，重建了一个 7.5 万年前居住在俄罗斯西伯利亚的年轻丹尼索瓦人女孩的面容。

3. 谷歌宣布实现"量子霸权"

2019 年 10 月，谷歌研究人员称实现了名为"量子霸权"的里程碑。"量子霸权"指量子计算机最终超越最先进超级计算机。谷歌表示，其 Sycamore 量子处理器能在 200 秒内完成世界上最强大的超级计算机需要 10 000 年才能完成的计算，但国际商用机器公司（International Business Machines Corporation，IBM）对此提出了质疑。

不管怎样，这凸显了商业公司对量子计算领域的浓厚兴趣。目前，多国政府、多家公司都在这一前沿领域展开激烈竞争，希望能够拔得头筹。

4. 对抗营养不良的补充剂问世

每年有数百万名严重营养不良的儿童无法完全康复，即使他们饱食后仍会发育不良并身患疾病。十年研究指出了根源所在：他们的肠道微生物尚未成熟。

2019 年，一个国际团队在这项研究的基础上，提出了一种低成本、易于获得的补充剂，该补充剂可优先刺激有益肠道细菌的生长。在一个小型试验中，补充剂表现良好，科学家目前正进行大规模临床试验，以了解该补充剂在防止发育迟缓方面的表现。

5. 小行星撞击地球及其带来的影响

大约 6600 万年前，一颗小行星无情地撞上地球，最终导致全球 76% 的物种（包括大型恐龙）灭绝。

这里存在大量未解之谜：这些物种如何灭绝、何时灭绝以及生态系统恢复的速度如何？现在，科学家通过分析位于墨西哥尤卡坦半岛 193 千米宽的希克苏鲁伯陨石坑的岩层，勾勒出了撞击后 24 小时的细节。结果表明，撞击导致了野火，引发了海啸，并向大气中喷射了大量硫，太阳被遮蔽，全球降温，从而使大量生物灭绝。研究还表明，海洋生态系统的恢复快于预期。

6. "新视野"号飞掠"天空"

2019 年 1 月 1 日，NASA 的"新视野"号探测器飞掠"雪人"形状的小行星

"天空"（Arrokoth），这颗远在 64 亿千米外的天体是人类探测器迄今拜访过的最遥远天体。

"新视野"号传回的数据不仅向我们展现了一个从未见过的奇异世界，也有望向我们揭示更多与太阳系起源和演化有关的谜题。这则来自遥远太阳系远端的新闻，拉开了 2019 年的科学领域硕果累累的序幕。

7. 实验室成功培育古菌，有望揭示生命终极祖先

日本一个研究小组历时 12 年，成功从深海沉积物中培育出一种神秘微生物 MK-D1。对 MK-D1 基因组进行测序表明，它是阿斯加德（Asgard）微生物群中的一员。阿斯加德并非细菌，而是一种完全独立的生命分支——古菌。

研究人员确认培育出的这种古菌携带真核基因；此外，今年也有研究人员在其他古菌 DNA（deoxyribonucleic acid，脱氧核糖核酸）片段中确定了更多真核基因。包括人类在内的所有动物和植物都是真核生物。因此，最新研究朝揭示包括人类在内的终极祖先迈出了重要一步，我们有望在这一古菌的引领下继续探寻生命的起源。

8. FDA 批准首个囊性纤维化三联疗法

2019 年 10 月，基因药物迎来一座里程碑：FDA 批准了对大多数囊性纤维化（cystic fibrosis，CF）病例有效的疗法，用于治疗年龄在 12 岁以上的 CF 患者。

这种被称为 Trikafta 的三联疗法可纠正肺部疾病最常见突变产生的影响，对于那些发生突变的病患（约占所有 CF 患者的 90%），它可将 CF 从进行性疾病转变为更易控制的慢性疾病。

9. 人类终于拥有对抗埃博拉病毒的有力武器

1976 年，刚果民主共和国雨林中突然出现了一种新病毒：埃博拉病毒。自此，它就成为致命且无法治愈感染的代名词，但 40 多年后，人类于 2019 年终于拥有了对抗埃博拉病毒的有力武器。

2019 年，科学家最终确定了两种药物，可大大降低该病的死亡率。一种是从 1996 年埃博拉疫情幸存者体内分离出来的抗体；另一种是在具有人源化免疫系统小鼠体内产生的三种抗体的混合物。在随机试验中，接受这两种药物之一的患者中约有 70%存活下来，而不使用任一抗体的患者只有约 50%存活下来。

10. 在多玩家扑克游戏中，人工智能战胜顶级人类玩家

2019 年 7 月，由 Facebook 与卡内基·梅隆大学合作开发的一款新型人工智能系统 Pluribus 扑克机器人，在 6 人无限制德州扑克比赛中击败了 15 名顶尖选手，

其中包括多位世界冠军。这是人工智能首次在超过两人的复杂对局中击败人类顶级玩家。

Pluribus 通过自我博弈的方式从零开始进行训练，最终达到超越人类的水平。

（二）2020 年十大科学突破

2020 年 12 月 17 日，美国《科学》杂志公布了其评选出的 2020 年十大科学突破，其中，新冠疫苗的研发居于榜首，另外九项研究则囊括艾滋病、室温超导、CRISPR 治疗遗传性疾病、全球变暖等多个领域[①]。

1. 新冠疫苗点亮希望之光

2019 年末发现的新冠病毒以惊人的速度席卷全球。当全世界陷入恐慌之时，2020 年 1 月 12 日，中国科学家向世界公布了新冠病毒的基因组，为全世界科学家寻找应对和治愈新冠肺炎奠定了基础。研制新冠疫苗的工作也拉开了序幕，多名科学家纷纷投身于新冠疫苗的研制工作。

2. "特殊患者"开启治疗艾滋病新策略

研究人员称，虽然对这些"特殊患者"的新认知不会直接导致治愈艾滋病，但它开启了一种新策略，可以让其他感染者在没有治疗的情况下活几十年。

与所有逆转录病毒一样，人类免疫缺陷病毒（human immunodeficiency virus，HIV）会将其遗传物质整合到人类染色体内，在那里创造出"储存库"，免疫系统无法检测到，抗逆转录病毒药物也无能为力。

尽管如此，HIV 藏身于何处会产生不一样的结果。2020 年，一项针对 64 名 HIV "特殊患者"进行的研究表明，在没有使用抗逆转录病毒药物的情况下，他们体内的病毒载量仍然非常低，这揭示了病毒在整合到基因组中位置的重要性。

3. 世界上最古老的狩猎场景面世

2019 年 12 月，澳大利亚科学家报告了一幅在印度尼西亚发现的洞穴艺术画作，这幅作品描绘了一些类人形象狩猎猪和水牛的画面。研究人员使用铀系法，为这幅 4.5 米宽的岩石艺术作品进行了测年，结果发现其至少可追溯至 4.4 万年以前，是迄今已知的最早狩猎场景。

研究人员认为，画中出现半兽人可能表明，印度尼西亚的洞穴艺术早在人类首次在欧洲进行艺术创作之前，就表现了关于人与动物联系的宗教式思考。

---

① 《〈科学〉评出 2020 年十大突破》，http://digitalpaper.stdaily.com/http_www.kjrb.com/kjrb/html/2020-12/22/content_459846.htm?div=0，2023 年 3 月 23 日。

4. 科学家反对种族偏见，支持多样性

反对种族偏见的抗议在美国愈演愈烈，不仅普通民众，就连科研人员也参与其中。2020 年 6 月 10 日，全球有 5000 多名科学家罢工，声援在美国发生的抗议活动。两家著名学术期刊《科学》和《自然》与他们一起停止营运。

5. CRISPR 首次成功治愈两种遗传性血液病

开展试验的两家公司 2020 年 12 月报告称，这些患者 17 个月前接受治疗，现在正产生大量胎儿血红蛋白。此外，这些公司为七名正常输血治疗 β 地中海贫血的患者提供这种治疗后，这些病患就不需要输血了。

2012 年，颠覆性的基因编辑工具 CRISPR 横空出世，它赋予研究人员编辑农作物和动物的强大力量，为科学研究和生物医学领域带来新一轮革命，成为《科学》杂志 2015 年十大科学突破之一，并摘得 2020 年诺贝尔化学奖的桂冠。

2020 年，这一"基因魔剪"再次向世界展示了其"魔力"：首次成功治愈 β 地中海贫血和镰刀型细胞贫血症这两种遗传性血液病。

为治疗三名镰状细胞病患者，研究人员从每名患者身上采集了不成熟的血细胞——血干细胞，然后用 CRISPR 靶向沉默一个"关闭"开关——这个开关在成人体内会停止胎儿形态血红蛋白的产生，而这种血红蛋白可对抗镰状突变的影响。在病人接受化疗清除病血干细胞后，经过 CRISPR 处理过的细胞被重新注入患者体内。

6. 发现快速射电暴起源

快速射电暴（fast radio burst，FRB）是来自遥远星系的短而强的无线电波闪烁，其起源究竟是哪里？十几年来这一问题吸引了无数天文学家。

2020 年 11 月，中外科学家刊文称，他们结合多个卫星及地面望远镜获得的数据认为，银河系内的一颗磁星 SGR 1935+2154 是今年观测到的一个快速射电暴的起源。这是人类首次确定一个快速射电暴的起源，也是首次在银河系内观测到快速射电暴。

尽管研究快速射电暴的天文学家相信他们终于找到了一名"肇事者"，但他们仍然不清楚磁星是如何产生快速射电暴的。研究人员认为，它们可能来自磁星表面附近，因为磁场线断裂并重新连接，或者它们可能来自更远的地方，因为冲击波撞击进入带电粒子云内，产生了类似激光的无线脉冲。具体是哪种情况，我们目前只能拭目以待。

7. AI 首次精准预测蛋白质三维结构

50 年来，科学家一直致力于解决生物学领域最大的挑战之一：预测一系列氨

基酸在"变身"为工作蛋白质时会折叠成何种精确三维形状。2020 年，他们实现了这个目标。

2020 年 12 月 1 日，谷歌旗下的"深度思维"公司宣布，其新一代 AlphaFold 人工智能系统在国际蛋白质结构预测竞赛上击败了其余参会选手，精确预测了蛋白质的三维结构，准确性可与冷冻电子显微镜、X 射线晶体学等实验技术相媲美。

研究人员指出，鉴于蛋白质的精确形状决定了它的生化功能，这一新进展可以帮助研究人员发现疾病的发病原理，开发新药，甚至创造出耐旱植物和更便宜的生物燃料。

8. 首个室温超导体面世

自 1911 年超导首次发现以来，寻找能在室温条件下达到的超导体一直是众多科学家竞相追求的目标。

此前研究表明，富氢材料在高压下可以将超导温度提高至零下 2 摄氏度左右。此次，美国科学家在最新研究中将可以实现零电阻的温度提高到了 15 摄氏度，但这是在 2670 亿帕斯卡压力下的一个光化学合成三元含碳硫化氢系统中实现的。这一发现促进了室温超导体的研究工作——这类材料可以带来重大技术变革并节约大量能源。

9. 鸟类聪明程度超出人类想象

2020 年发表的两项研究表明，鸟类的聪明程度超出想象。其中一项研究表明，鸟类大脑的一部分类似于人类的大脑皮层。另一项研究表明，小嘴乌鸦的意识比研究人员想象得还要高，而且其或许能有意识地进行思考。

这种"感觉意识"是人类自我意识的一种基本形式，它在鸟类和哺乳动物中的存在表明，某种形式的意识可以追溯到 3.2 亿年前，可以追溯到我们最后的共同祖先。

10. 全球变暖趋势日益明晰

40 多年前，全球顶尖气候科学家齐聚美国马萨诸塞州，试图厘清一个简单的问题：如果人类继续排放温室气体，地球会变得多热？最基本的气候模型显示，如果大气中的二氧化碳含量比工业化前翻一番，地球最终将变暖 1.5～4.5 摄氏度。2020 年，来自世界气候研究计划署的 25 名科学家将气候敏感区间缩小到 2.6～3.9 摄氏度。这项研究排除了一些最坏的情况，但它几乎确认气候变暖会淹没沿海城市、加剧极端热浪、使数百万人流离失所。

研究人员期待这些清晰的前景激发我们的行动。大气中的二氧化碳含量已达到 420 ppm（1×10^{-6}），离 560 ppm 的翻番点已过半。因此，除非在气候变化问题上采取更积极的行动，否则人类可能在 2060 年达到这一阈值。

（三）2021 年度十大科学突破

2021 年 12 月 17 日，《科学》网站公布了 2021 年度科学突破评选结果[①]。

1. 人工智能预测蛋白质结构

2021 年 7 月，世界知名人工智能团队深度思维宣布，它利用人工智能软件程序——阿尔法折叠预测了人类表达的几乎所有蛋白质的结构，以及其他 20 种生物的几乎完整的蛋白质组。人工智能预测蛋白质结构将带来广泛应用，提供对基础生物学的见解并揭示潜在的药物靶点。2021 年 11 月，德国和美国的研究人员利用阿尔法折叠 2 和冷冻电镜绘制了核孔复合物的结构图。2021 年 8 月，中国研究人员使用阿尔法折叠 2 绘制了近 200 种与 DNA 结合的蛋白质结构图。科学家使用阿尔法折叠 2 来模拟奥密克戎变体刺突蛋白突变的影响，通过在蛋白质中插入更大的氨基酸，突变改变了它的形状，这也许足以阻止抗体与其结合并中和病毒。

2. 解锁古老泥土 DNA 宝库

2021 年，科学家从洞穴地面的土壤中解锁了一个更大的古代 DNA 宝库。研究人员使用这种"泥土 DNA"来重建世界各地穴居人的身份。在西班牙的 Estatuas 洞穴，核 DNA 揭示了 8 万～11.3 万年前生活在那里的人类的遗传特征和性别，并表明尼安德特人的一个谱系在 10 万年前结束的冰川期之后取代了其他几个谱系。在美国佐治亚州 Satsurblia 洞穴有 2.5 万年历史的土壤中，科学家发现了来自以前未知的尼安德特人系的女性人类基因组，以及野牛和现已灭绝的狼的遗传痕迹。通过将墨西哥奇基维特洞穴中 1.2 万年前的黑熊 DNA 与现代熊 DNA 进行比较，科学家发现，在最后一个冰河时代之后，洞中黑熊的后代向北迁徙至阿拉斯加。

3. 实现历史性核聚变突破

2021 年 8 月，NIF 产生了一种聚变反应，这种反应产生的能量比点燃它所需的激光能量更多。NIF 使用来自世界上最高能量激光的脉冲来压缩胡椒粒大小的氢同位素氘和氚胶囊。这种方法每次发射产生 170 千焦的聚变能量，这远低于 1.9 兆焦的激光输入，但 2021 年 8 月 8 日记录显示，该能量飙升至 1.35 兆焦耳。研究人员认为这是燃烧等离子体的结果，这意味着聚变反应产生了足够的热量，可以像火焰一样通过压缩燃料传播。

---

① 《〈科学〉公布 2021 年度十大科学突破》，http://digitalpaper.stdaily.com/http_www.kjrb.com/kjrb/html/2021-12/20/content_527732.htm?div=-1，2023 年 3 月 23 日。

4. 抗新冠强效药出现

数据显示，美国默克公司的抗病毒药物莫奈拉韦可将未接种疫苗的高危人群的住院或死亡风险降低 30%。如果在出现症状的三天内开始服用，辉瑞公司的抗病毒药物 PF-07321332 将使住院率降低 89%。科学家强调，抗病毒药物不能取代疫苗接种，但它们仍然至关重要。如果新的奥密克戎变体导致突破性感染激增，它们的重要性将更加突出。

5. "摇头丸"减轻创伤后应激障碍症状

一项多中心、随机、对照试验发现，3,4-亚甲基二氧基甲基苯丙胺（methylene dioxymethamphetamine，MDMA），也就是常说的"摇头丸"，显著减轻了创伤后应激障碍（post-traumatic stress disorder，PTSD）患者的症状。76 名受试者部分接受了三次 MDMA 治疗，部分接受了安慰剂指导治疗课程。两个月后，67%的接受 MDMA 治疗的患者不再有 PTSD 症状，而安慰剂组则仅有 32%。

6. 单克隆抗体治疗传染性疾病

2021 年，单克隆抗体（monoclonal antibody，mAb）开始在对抗新冠病毒和其他威胁生命的病原体，包括呼吸道合胞病毒（respiratory syncytial virus，RSV）、HIV 和疟疾寄生虫等方面显现出效果。到 2021 年底，FDA 已授予三种用于治疗新冠病毒的单克隆抗体紧急使用授权。科学家还正在开发针对流感、寨卡病毒和巨细胞病毒的单克隆抗体。两个旨在预防所有婴儿呼吸道合胞病毒的候选药物被寄予厚望。单克隆抗体或将成为治疗传染病武器库中的"标配"。

7. "洞察"号首次揭示火星内部结构

自"扎根"火星以来，NASA 的"洞察"号火星探测器在其着陆点测量了大约 733 次地震。科学家基于其中 35 次地震的数据，揭示了火星的内部结构，估计了火星地核的大小、地幔的结构和地壳的厚度。这也是科学家第一次使用地震数据来探测地球以外行星的内部，这是了解火星形成和热演化的重要一步。

8. 粒子物理学的标准模型出现"裂缝"

2021 年 4 月 7 日，美国费米实验室进行的缪子反常磁矩实验显示，缪子的行为与标准模型理论预测不相符。研究报告称，巨大的、不稳定的类电子粒子——缪子，比最初预测的更具磁性。此外，费米实验室里的质子加速器也可以大量制造缪子。研究人员正在仔细检查计算结果，如果成立，而且理论和实验结果之间的差异持续存在，可能将标志着有 50 年历史的粒子物理标准模型的预言失败，或打开物理学变革之门。

9. CRISPR 基因编辑疗法对人类疗效首次证明

基因编辑工具 CRISPR 于 2020 年首次显现出或可治愈镰状细胞病和 β 地中海贫血症患者。2021 年，科学家更进一步，直接在人体内部署 CRISPR-Cas9。在小型研究中，该策略减少了一种有毒的肝脏蛋白质，并适度改善了遗传性失明患者的视力。美国 Intellia 医药公司和再生元制药公司的科学家在六名患有一种名为转甲状腺素淀粉样变性病的病人身上测试了他们的治疗方法。结果显示，所有参与者的畸形蛋白质水平均下降，其中两名接受高剂量注射的人的蛋白质水平平均下降了 87%。

10. 体外胚胎培养为早期发育研究打开新窗户

深入研究人类早期胚胎发育的过程可以帮助科学家了解流产和出生缺陷，并有利于完善体外受精方案。然而，法律、实践和伦理等诸多方面，限制了对人类胚胎的研究。2021 年，科学家找到了潜在替代方案，让小鼠胚胎在人造子宫"玻璃瓶"中发育的时间从 3～4 天突破到了 11 天。此外，还有科学家设计了被称为"胚泡"的关键胚胎阶段的替代品。一个研究小组从人类胚胎干细胞中复制了胚泡，并诱导了多能干细胞。另一项研究发现，转化为诱导性多能性细胞的皮肤细胞会产生囊胚状结构。这些人造胚泡并不是真正的胚胎，但其中一些可作为一种有指导意义的、争议较少的替代方案。2021 年 5 月，国际干细胞研究协会宣布放宽人类胚胎培养"14 天规则"，进一步提振了该领域的研究。

二、"低碳经济"成为国际问题新热点

全球气候变化和人类活动的关系已成为当今国际焦点问题，关系到各个国家的切身利益与经济发展。

1988 年，联合国的各参与成员方成立了气候变化专门委员会（Intergovernmental Panel on Climate Change，IPCC）。为建立完善应对气候变化的国际机制提供基础科学的原则依据，IPCC 以气候变化报告的形式，陆续发布了六次国际气候变化评估文件，不断强化温度、温室气体浓度和累积排放量之间的对应关系。

IPCC 使得气候问题日益被国际社会关注，这就推动了 1992 年《联合国气候变化框架公约》（United Nations Framework Convention on Climate Change，UNFCCC）的产生及其框架下各类有关国际气候的谈判。

不论是国际环境下持续对气候条约进行的各种修订和补充，还是我国碳中和

的承诺，其背后都承载着大国利益，并表现在政治、经济、资源、环境等方面的不断博弈。而理解国际碳博弈的演进，也将更有利于我国碳教育的推进，在 2060 年的碳中和目标实现前，从一个更大的维度看到中国科技进步浪潮下的能源领域缩影。

（一）碳博弈的演进

为应对气候变化，1992 年 5 月通过了 UNFCCC，于 1994 年 3 月生效。目前共有 197 个缔约方，中国于 1992 年 11 月经全国人大批准加入 UNFCCC。而 UNFCCC 框架开展谈判以来，国际气候治理格局就不断演变。当今国际各政府及组织的碳中和目标，离不开 IPCC 的六次评估报告。

IPCC 第一次评估报告发表于 1990 年，报告提供了过去 100 年全球平均温度上升值、海平面升高值以及温室气体的增加量等数据。IPCC 第一次评估报告推动了框架公约 UNFCCC 和相关国际公约的产生与执行。

1992 年 6 月，里约热内卢联合国环境与发展大会上，UNFCCC 作为全球范围内首个关于应对全球气候变暖对国际社会产生影响的国际化公约诞生。

1996 年，IPCC 第二次评估报告发布。报告指出，人为因素对气候变化的影响是可辨识的，并将气候变化的经济社会影响确定为新主题。在 IPCC 第二次评估报告的推动下，UNFCCC 第 3 次缔约方大会产生了 UNFCCC 的补充条款，即《〈联合国气候变化框架公约〉京都议定书》[简称《京都议定书》(Kyoto Protocol, KP)]，以期将对人类社会的负面影响降低并始终控制在最小范围。

2001 年，IPCC 第三次评估报告发布。IPCC 第三次报告促进并重申了 KP 的规定，并在《新德里宣言》中呼吁发达国家履行好 KP 承诺。

2003 年，UNFCCC 第 9 次缔约方大会通过了 20 条环保决议；2004 年第 10 次缔约方大会促成了 KP 生效条件的满足。2005 年，第 11 次缔约方大会在加拿大蒙特利尔市达成 "蒙特利尔路线图"，包括启动 KP2 减排谈判在内的 40 多项决定，标志着旨在限制工业发达国家温室气体排放的 KP 将开始全面执行。

终于，在 IPCC 第二次报告和第三次报告的推动下，国际气候谈判取得实质性进展，为发达国家规定了具有约束力的温室气体减排目标和时间表，提出了联合履行、排放贸易和清洁发展机制三大灵活机制。至此，国际气候合作机制初步构建。

随着环境问题的恶化和全球变暖的加剧，IPCC 第四次评估报告使得国际减排任务凸显。同时，国际金融危机爆发后各国国内经济政治形势复杂化，部分发达国家在减排问题上越来越消极，这导致 KP 从第一承诺期到第二承诺期开始艰难前行，国际碳博弈升级。

2007 年，联合国气候变化大会通过了 "巴厘路线图" 的决议，决议针对过去谈判中受到忽视的"技术开发和转让问题以及资金问题"进行了讨论，发展中国家认为，发达国家应将其 GDP 的 0.5%用于提供资金支持来帮助发展中国家减排。但是，发达国家迟迟没有实质性的举动。

2009 年 12 月，UNFCCC 第 15 次缔约方大会（又称哥本哈根联合国气候变化大会）举行，意在商讨 KP 一期承诺到期后的后续方案。然而，发达国家一味指责发展中国家，并且逃避承担责任，致使哥本哈根联合国气候变化大会最终并未能出台一份具有法律约束力的协议文本。

（二）从碳博弈到碳中和

在气候治理问题上各国很难达成妥协的原因是发达国家和发展中国家所处经济发展阶段不同、发展需求不同，之间长期缺少互信，彼此间不愿做出具体承诺，即使承诺了也往往不可靠。

结果就导致尽管 KP 第一个履约期规定主要工业发达国家到 2012 年相较于1990 年减排 5.2%，发达国家也做出了不同程度的减排承诺，但是，大部分国家温室气体减排没有达标甚至持续增长。

比如，美国在哥本哈根联合国气候变化大会上承诺 2012 年比 2005 年减排17%，实际换算只相当于比 1990 年减排 4%。因而，发展中国家对发达国家的诚信表示质疑，"共同减排"不过是阻止发展中国家发展进程的一个"陷阱"。事实上，减少温室气体排放必然带来相应的经济成本，在没有出现解决温室效应的革新技术前，各国必然争论减排经济成本的分配。这也就导致了碳交易和碳关税的出现。

尽管大多数人都认可全球气候变化对全人类是严重威胁，但是愿意为此彻底改变自己生活方式的人仍占少数。具有公共物品属性的气候资源可以在不支付任何成本、不必得到任何国家允许的情况下被任何国家使用。

因此，温室气体谈判中存在难以调和的利益关系，致使全球各国合作难以维持。发展中国家期望进一步发展而承担相对小的义务，而发达国家则不想仅仅自身加大减排力度而与其他国家共享减排的收益。这也正是历届气候变化峰会所反映的主要分歧所在，即各方应承担多大的责任、碳排放应该付出多大的代价问题。

（三）中国"双碳"目标

在这样的背景下，中国作为一个具有独特地位的发展中大国提出碳中和承诺无疑具有重要意义。事实上，在 IPCC 几次评估报告，特别是第五次评估报告中提出的有关历史责任、2030 减排要求、资金等可能对未来谈判产生重大影响的结论影响下，气候变化已成为事关国际道义、国际责任、国家形象、国家发展权的重要议题。

从国际关系来看，强化低碳目标具有国际竞合的战略背景。根据英国的非营利机构 ECIU（Energy and Climate Intelligence Unit，能源与气候智库）的数据，全球有 125 个国家/地区提出碳中和愿景，6 个已实现立法，5 个处于立法议案阶段，13 个已有相关政策文件，99 个处于政策文件制定讨论中。自《巴黎协定》签署以来，尽早实现碳中和、控制温升已成为全球共识性议题。在中美关系新阶段，中国主动参与碳中和是强化与国际社会战略合作的重要手段。

在能源安全的考量上，逆全球化风波仍未平息，重塑能源体系具有重要的安全意义。中国油气资源相对匮乏，原油与天然气高度依赖进口。2020 年 1～9 月中国原油、天然气的对外依存度分别为 73%、42%。

与此同时，中国在清洁能源领域却具备全球领先优势，根据 IRENA（International Renewable Energy Agency，国际可再生能源机构）数据，2019 年中国陆上风电、太阳能光伏、水电累计装机规模分别占全球总量的 34%、35%、27%，均居全球第一。推进能源结构从化石燃料向清洁能源转化，有助于提升中国能源独立性。

《中共中央关于制定国民经济和社会发展第十四个五年规划和二〇三五年远景目标的建议》第一次提出"统筹发展和安全"，办好发展和安全两件大事，把安全提到从未有过的高度，而能源安全与独立则是安全这一大范畴下重要的细分议题。

当然，能源结构调整是一个逐步演化的过程，需要政府与企业的共同努力和理性参与。碳中和的目标将实现中国在能源领域的革命，这不仅会重塑中国能源结构，也会对经济产生正面的影响，带来数字化转型和智能化的应用在电力、交通方面的普及。从一个更大的维度看，中国进行能源领域的碳中和变革将成为中国科技进步浪潮下的能源领域缩影。

三、现代民生科技成为各国科技关注的重点

近几年，越来越多的国家围绕民生科技制定了明确的科技政策目标和具体任务。关注民生科技，把解决民生问题作为政府制定科技政策或设立科研项目的重要导向，已成为一种新的国际潮流和趋势。例如，德国联邦教育及研究部关于科技发展的三点战略目标之一是要提高人民的生活质量，加强健康卫生保障；新西兰研究科技部提出未来 10～15 年科技工作的优先任务之一是将科技植根于人民的生活等。这些政策既体现了政府利用科技服务于民众的导向和决心，也体现了政府对民众的人文关怀。

此外，韩国、日本、印度、欧盟和澳大利亚制定的科技政策和开展的研发活动中，加强民生科技导向的意图更明确。

2000 年韩国公布的长期科技发展规划《2025 年构想：韩国科技发展长远规划》从五个方面阐述了韩国未来科技发展方向，其中之一是提高民众生活质量。针对这一发展方向，从"获得健康生活的科技、为了创造舒适生活的科技、保证生活安全的科技、便于人们生活的科技"四个角度，提出 13 项具体的民生科技任务，具体内容涵盖了医疗、卫生、环境、自然灾害预测、人口老龄化等与民生直接相关的科技问题。通过具体的民生科技任务，前所未有地彰显了韩国政府关注民生科技的导向和决心。

2003 年印度公布的科技政策提出七个政策导向，共包括 15 项政策目标，其中关注人们生活的科技导向中的四项政策目标都与民生科技紧密相关。第一，保证印度的每一个公民都能获得科学信息，让全国人民都有可能充分参与科技发展及其应用。第二，在可持续发展基础上保证人民的粮食、农业、营养、环境、水、卫生和能源的安全。第三，利用科技能力以及传统的知识财富，为减轻贫困、加强生活保障、消除饥饿和营养不良、减少苦工和城乡之间的地区发展不平衡以及创造就业机会做出直接和持续的努力。第四，要做出种种努力来保证人们以可负担的费用高速地、保质保量地存取信息。促进科学研究的政策导向中也有多项涉及民生科技，如农业（尤其是水土保持、人畜营养、渔业）、水利、卫生教育、自然灾害预报等。2006 年 7 月，印度农业与农民福利部推出了"全国农业创新项目计划"，该计划的总体目标是，在国有部门、私有部门、农民组织和其他政府组织之间建立伙伴合作关系，推动农业技术创新，为农村脱贫和农民增收提供技术支持，实现农业可持续发展。

2006 年 3 月日本内阁会议通过了第三期科学技术基本计划，该计划以"创新者日本"为政策目标的出发点，提出了 3 个理念、6 个大目标和 12 个中目标。3 个理念之一是"保证健康与安全"，即建设安心、安全、高品质生活的国家，相应的大目标有两个，一是"健康一生——实现从小孩到老人都健康的日本"，这一目标之下设立了"克服困扰国民的疾病"和"实现任何人都能健康生活的社会"两个中目标；二是"以安全为骄傲的国家——使日本成为世界上最安全的国家"，围绕这个大目标设立了两个中目标："确保国土和社会安全"以及"保证生活安全"。另外，日本结合 e-JAPAN 计划制定的《IT 政策群 2005》，把重点放在推动 IT 技术在国民日常工作与生活领域的应用，以使广大国民直接享受 IT 技术的成果。

2007 年 1 月欧盟 FP7 正式启动，"以人为本，使科技进步真正能为公民和全社会服务"是其重要战略思想之一。其主要指导思想中与民生有关的内容包括：以经济发展和创造就业机会为中心，以知识进步和创新为动力，增强欧洲国际竞争力，改善人民生活条件，保证人民健康，加强和谐社会建设；坚定不移地走可持续发展道路，研发、创新和生产必须进一步保护环境，为后代负责。FP7 中的重点集成领域绝大部分都是为人类造福、提高生活水平、保证健康等关系到社会和谐稳定的课题，如健康、食品与农业、信息、能源、环境、运输等；努力发展生态技术，促进生态技术研发与创新及自然资源可持续管理，为更好地执行环保政策、改善公民生存条件和保证健康做出贡献。

澳大利亚的主要研究工作都是在"澳大利亚能力支撑"框架下围绕环境可持续发展、促进和保持身体健康、建设和改变工业的前沿技术、保卫澳大利亚四个优先领域展开，并相应设立了多项研究课题，包括"澳儿童生长研究""健康饮食""有益健康的海洋生物化合物""交通污染的健康代价"等。从这些研究题目可以看出，澳大利亚的科研工作紧密结合民生问题，在科研选题方面形成的是一种关注民生、以人为本的理念和导向。

四、智力资产成为发达国家社会财富积累的主要内容

智力资产是组织内部存在的一种看不见的能够在一定时候、一定条件下给企业创造高价值的资产。

（一）智力资产正在成为社会经济的主宰

从 20 世纪 60 年代起，服务业价格以超过工业价格三倍的速度飞快地增长，服务业对美国 GNP 的贡献率从 50%增长到 80%以上。其中，63%属于高技能类型的服务业。到 21 世纪初，在美国所有工作中，80%以上的工作实质上属于"脑力"工作，经济的增长将主要由知识拉动，知识生产本身将成为社会经济生活的中心。对于任何一个现代公司制企业，知识已经成为一种资产，知识正在为提高经济效益发挥着越来越大的作用。

（二）智力资产是一种无形资产

无形资产是指不具有实物形态的非货币性的长期资产，它虽然不具有实物形态，但可用于生产商品、提供劳务或出租给他人。因为无形资产是长期资产而非流动资产，所以无形资产可以为企业提供长期经济效益。

智力资产也是一种无形资产。无形资产有三种类型，一是开发与研究的投入，二是商誉，三是智力资产。

以微软公司与通用汽车公司相比较为例，微软公司生产经营的是知识经济时代的产品——电脑软件，而通用汽车公司经营的是工业经济时代的典型产品——汽车。单从资产负债表上看，微软公司的资产总额仅为美国通用汽车公司的 10%，而微软公司在股票市场的价值却超过了通用汽车公司。像微软公司这样的新型公司，创造财富的力量已不在于机器、设备、劳动力、原料，而在于一种更为重要

的资源——智力资产。

智力资产相比一般的资产是不能够通过购买而获得的。如果不加以保护，它就能在瞬间消失。因此，加强智力资产的管理，发挥其最大价值便成了管理者的一项艰巨任务。

（三）智力资产带来巨大创新增益

智力资产作为生产要素以及全球产业价值链的拓展，带来了巨大的"创新增益"。从 20 世纪 90 年代开始，世界经济发展的一个重要特点是，以研究开发、人力资本、知识产权、软件、品牌与信誉等智力资产为核心的无形资产正在超过有形资产，成为企业、社会、国家创造和积累财富的主要手段。世界银行 2006 年发布的《全球国别财富变化报告》显示，低收入国家中，自然资源、生产性资产和无形资产的比例分别为 26%、16%和 59%，发达国家这三种资产的比例分别为 2%、17%和 80%。大量研究表明，科学技术在发达国家经济增长中的贡献率已高达 60%~80%。智力资产成为衡量一个国家财富的重要标志。研发的投入和积累成为财富增长的重要因素。发达国家的实践表明，物质资本投入每增加 1 美元，产出增长为 1~3 美元；而人力资本投入每增加 1 美元，产出便增长 3~10 美元，技能和知识构成的智力资产正在成为财富创造的主导力量。

与此同时，经济全球化、信息技术革命促进了全球产业价值链的形成。由于资本要比劳动力更容易在不同国家之间流动，在发达国家和发展中国家之间就形成了国际生产价值链的不同环节。劳动生产率较高的技术与资本密集环节、信息与管理环节大都在发达国家，劳动密集环节在发展中国家，也就是大家常说的"微笑曲线"。全球价值链的形成使那些拥有技术优势和创新优势的参与者可以获得高于产业平均利润的"创新增益"。对后发者而言，发展的重要决策沿着全球产业价值链从劳动密集的环节分别向资本技术密集环节和信息管理环节提升。

五、军民融合、民技军用趋势越来越明显

当前，世界范围内新一轮科技革命、产业革命、军事革命加速推进，主要国家为在激烈的国际竞争中谋求先发优势，都在不断拓展军民融合的深度和广度，竭力塑造军事能力和综合国力新的增长点。世界军民融合发展正进入一个以"创新引领、多点突破、能力重塑"为鲜明特征的发展新阶段。

（一）世界新一轮军民融合发展的动因——大国战略竞争升温

美国将大国挑战提升为首要安全威胁。2015 年，美国接连颁布新版《国家安

全战略》《国家军事战略》《亚太地区海上安全战略》《网络空间战略》等重要文件，着眼应对俄罗斯、中国等国家的"大国威胁"。

俄罗斯则强调美国和北约的安全威胁。2015 年 12 月，俄罗斯总统普京签署新版《2020 年前俄罗斯国家安全战略》，首次将美国及其盟友称为俄罗斯的"政治对手"，并称北约东扩是俄罗斯国家安全的威胁。俄罗斯发布新版《俄联邦军事学说》，首次将北约军事力量发展及北约加强在俄罗斯周边部署视为首要威胁。

日本与美国联合修订《日美防卫合作指针》，强行通过新安保法，以法律形式解禁集体自卫权，为日本在西太地区乃至全球挑起事端提供法律基础。

印度着眼构建"军事大国"和"地区强国"，突出加强中印边境和海上军事部署。

另外，世界范围内军民融合相关产业的迅猛发展，为刺激经济复苏增添了不少亮点。世界主要国家为抢占先机，纷纷做出战略应对和重大部署，力争以最快的速度先于对手把新科技革命的成果应用到军事领域，从而获取军事竞争优势乃至国家竞争优势，由此构成新一轮世界军民融合浪潮兴起的深层技术动因。

美国航宇工业及国防工业的发展对大危机后美国经济走出"泥潭"贡献不少，其影响力已跨越美国多个部门和每个州。

俄罗斯军工综合体在西方国家对俄罗斯大规模制裁的背景下已成为俄罗斯经济增长的重要推动力。近几年俄罗斯军队进行武器装备更新换代，不仅加强了国防，同时还发挥"经济火车头"的作用，缓解了过度依赖能源出口的经济状况。

日本解禁集体自卫权，通过新的"防卫装备转移三原则"，积极进军世界武器装备出口市场。2014 年 6 月 19 日，日本防卫省出台首份《日本国防工业战略》，将"推动和引领国内高端产业发展"作为日本国防工业改革发展的三大目标之一，强调"在有效推进先进民用技术转为军用的同时，应积极将国防产业相关成果转化为民用，牵引日本工业能力和技术实力的提升"。

可以说，自国际金融危机以来，世界各国不遗余力为复苏乏力的经济发展寻找新动能、新增长点，这也成为驱动新一轮世界军民融合浪潮兴起的深层经济动因。

（二）新一轮科技革命和产业变革为军民融合发展创造了条件

历史上，军事需求是推动科技革命的"火车头"，新技术往往因军事需求而起并最先应用到军事领域。这一趋势目前正在发生深刻变化，高新技术创新的"策源地"逐步转向民用领域。高新技术发展的驱动力已逐步从军用为主转向民用为主，民用部门逐渐取代军事部门成为新技术开发的"开路先锋"，在一些领域，民用技术发展已经超过军用技术的发展。

新科技革命的加速演进预示着军民一体化创新时代的到来。许多新技术在民用领域取得突破，并展现出巨大的军事应用前景，人工智能、无人系统、机器人、网络技术、生物技术等能用于军事领域的高端科技正在迅猛发展。比如，2016 年 3 月的"人机大战"（谷歌 AlphaGo 与韩国棋手、世界围棋冠军李世石对决）展现出人工智能运用于军事领域的无限空间，有人认为这有可能产生比原子弹更可怕的武器，因为通过深度学习，机器将能够理解它们所"看到的东西"。

高新技术日益呈现出军民两用化特征，很难分清哪些专属于军用，哪些专属于民用。军用技术和民用技术的界限越来越模糊，从而促进军民技术日趋融合。

（三）世界军民融合发展的新趋势

1. 重视和依靠创新引领

美国为大力推动创新采取的举措主要有：①加大研发投入，美国国防部年度研发支出接近 720 亿美元，其中，125 亿美元专门用于科学与技术，支持全国各地的国防实验室和工程中心、创新型公司、大学和 DARPA 开展的突破性研发工作；②促进军事科技创新融入国家技术创新生态系统，先后在硅谷和波士顿设立国防创新试点单元，旨在将新创意、新技术和新产品快速引入军事应用；③实施国家制造创新网络，推进更优购买力采办改革和战略能力办公室创新；④成立国防创新咨询委员会等。

欧盟也加速投资国防创新。欧洲防务局表示，增加国防研发投资，启动试行项目，以应对欧洲面临的日益严峻的安全威胁。

俄罗斯也采取一系列措施推动军民协同创新，包括先期研究基金会资助前沿研究、设立创新日、建立"开放式创新之窗"等。俄罗斯先期研究基金会成立后持续聚焦前沿技术研究，2013 年开展了 23 个项目研究，2014 年上升至 49 个，2015 年底已达到 50 余个，之后计划每年开展 60～70 个项目。

日本也开始资助具有强大科研实力的一流大学开展军事项目研究。二战后，大部分日本大学遵循"不参与军事研究"的方针，近些年日本防卫省逐步开始与大学和研究机构展开数据交流、技术开发及设施共享等活动。日本防卫省展开了直接面向以大学、独立行政法人和大学自办企业为主的法人提供研究费用的募集活动。

2. 布局和抢占新兴领域

针对网络、太空、海洋等新兴领域安全威胁不断上升的态势，世界主要国家持续用力推进新兴领域军民融合，不惜投入巨资着力布局和抢占未来军事竞争的战略制高点。

美国在第三次"抵消战略"的牵引下，不断增加对网络战、太空战、电子战、水下作战、快速打击武器等高端项目的投入。同时，为在短期时间内实现快速部署，美国国防部以战略能力办公室为核心，不断推进民用技术的军事转化进程，试图提升其"改变游戏规则"的新能力。在一系列相关领域中，美国优先发展微电子导航系统、"蜂群式"无人作战平台、母舰式"武库机"、电磁轨道炮等新概念武器，以牢牢掌控全球军事竞争的方向、速度和节奏。

俄罗斯国防部为保证航天器与国际太空站的安全组建太空监视部队。普京签署"成立国家机器人发展中心"总统令，将发展军用、特种和军民两用机器人系统作为俄罗斯科学、工艺和技术的优先发展方向。目前，俄罗斯正在开发不同类型的机器人系统，包括无人机、水下和陆地机器人。

欧盟也加大向赛博安全领域的投资，并与私营部门合作致力于赛博安全。欧盟委员会筹集 4.5 亿欧元，用于资助对赛博安全研究感兴趣的公司、大学及其他研究机构。

以色列把建设全球赛博强国作为国家目标，2011 年设立了国家赛博局，即使近年来以色列政府遭遇财政预算危机，但其赛博年度国防支出也增加了 30%。以色列每年投入巨资进行基础设施建设，就是要把南部沙漠城市比尔谢巴建设成"全球赛博创新中心"。

3. 引导和发挥民间力量

民间力量和中小企业在创新思维和创新效率方面独具优势。主要国家非常注重发挥中小企业在创新中的作用，引导和培育民间企业强势崛起，以激发军民融合发展的巨大活力。NASA 与私营太空运输公司合作，用美国 SpaceX 公司的"龙"货运飞船向国际空间站运送补给品。

长期以来，火箭、卫星和宇宙飞船这些东西都由政府建造，但埃隆·马斯克2002 年创立了 SpaceX 公司改变了这种局面。近年来，该公司展示了宇宙飞船与国际空间站对接，然后带着货物返回的能力。该公司所发射的商业地球同步卫星，在技术上已经颠覆了传统行业，颠覆了航天市场，赢得了将物资和宇航员运送到国际空间站的丰厚订单，同时还在奋力竞争发射军事卫星的机会。

2016 年 3 月，俄罗斯从事太空旅游业务的私营企业"太空旅行"公司，从俄罗斯航天国家集团公司获得"太空旅行可重复使用系统"项目的研发许可，这是俄罗斯私营企业首次获准开展亚轨道载人飞行业务。

（四）世界主要国家军民融合发展模式

1. 美国——"军民一体化"模式

作为当今世界政治、经济和军事超级大国，美国的国防工业长期执行的是军民一体化的政策，并取得了积极成效。

美国是积极推进军民一体化建设的典型国家。冷战结束后，为了推进军民一体化的进行，美国政府采取了一系列的措施：①1993年，成立了跨部门的国防技术转轨委员会，专门负责指导和协调各部门推进军民一体化；②开放军用技术市场，实行军转民；③提高军民产品标准的通用化水平，消除妨碍民品进入军事领域的障碍；④注重民转军，充分利用民用技术，降低采办费用、提高武器性能。通过建立跨部门的联合协同机构，构建军民结合型企业，制定军民一体化的政策法规，实施各种军民一体化建设的专项计划，美国逐步形成了军民融合的国防建设体系，从而提高了整个国家科技工业基础的创新能力和竞争力，增强了整个国家的经济实力和军事实力。

美国创新主体的军民融合基本上是市场导向型的，产业链基本上是开放型和社会化的，私营企业也一直在美国的国防科技工业中占据主导地位。因此，美国的创新主体会依据市场的需求有针对性地开发新技术。由于产业链是开放型和社会化的，创新主体在开发技术时用各种手段实现技术和资源的军民融合，有的通过主体合作，有的则通过企业并购。私营企业作为创新主体大多是军民结合型企业，技术和资源是可共用的。美国的私营企业按市场经济规律运作，同样的技术，有军品需求就生产军品，有民品需求就生产民品。例如，洛克希德·马丁公司的主营业务就是系统集成、航空、航天和技术服务，都是军民两用的技术。

为了减少政府开支，促进军工企业走向市场，开展多种经营，提高劳动生产率和引进外资，提高国防科技工业的竞争能力，美国在保持军工关键技术及核心生产能力的前提下，进一步对军工企业实行"股份制"或私有化，以扩大企业的自主权，增强发展活力，推动国防科技工业的市场化进程。美国军方也积极配合推动需求融合。DARPA和美国陆、海、空三军均设有专门机构，旨在加强与科学界和工业界的沟通，制定军用信息资源共享的原则和规定，有条件地逐步公开军用信息源，建立动态发布美军军事需求制度。同时，美军加紧修订各种军用标准，特别在信息化装备采办过程中优先选用成熟的民用标准，缩小军用标准和民用标准的距离，促进军民共享各类信息资源。

2. 欧洲主要国家——"民技优先"模式

1975年，欧洲航天局的成立标志着英国、意大利、德国、法国等欧洲国家"先民后军、以民促军"战略的确立。

德国没有独立的军工体系和国防科研体系（两次世界大战的战败国），其武器装备的研制通过合同方式委托给地方科研院所、高等院校和工业界，充分利用民间力量进行武器装备的生产，并由国防部的国防技术和采办总署进行管理。

为使联邦国防军的武器装备保持技术上的优势，德国把加快发展军民两用技术作为国防科技研究工作的重点。德国国防部日渐加强与主管民用科研的联邦研究与技术部的合作和协调，以促进工业界参与军民两用技术的开发。德国国防部在科研规划的基础上确定从事国防科研工作的民间科研院所有关军工的总体任务，并协调各院所的工作、提供基本资助、监督经费的合理使用并组织对研究成果进行检查和鉴定。这些研究所主要从事应用基础研究，根据需要承担保密义务。

德国的这种国防科研体系，一方面消除了别国对德国恢复军工潜力的恐惧，另一方面使军工生产更好地纳入了市场经济的轨道，减少了德国经济对军工订货的依赖。同时，也有利于保留军事工业的骨干技术力量，促进了军工技术和民用技术之间的相互转移。

英国在冷战前实行"先军后民"的政策，政府每年度在国防高技术研发上的投资占政府总投资的 40%以上，因此英国国防高技术发展水平一直较高。冷战结束后英国政府实行了削减国防预算的政策，国防研发经费大幅降低。为了弥补削减国防研发投资额度可能对国防高技术发展造成的影响，英国国防部制定了一系列政策措施，促进军民兼容的发展。

1995 年英国国防部原国防鉴定与研究局和工业界共同制定了"开拓者"计划，着重从工业界角度考虑如何同国防部的科研计划相结合，1999 年英国国防部成立了国防技术转化局（Defence Diversification Agency，DDA），致力于民用技术为国防科技服务的工作，同时，英国国防部将两用技术的开发作为一项战略规划进行推广，加大两用技术的开发力度；另外，英国政府还建立了一些两用技术中心（dual-use technology centre，DUTC），如结构材料中心、系统与软件工程中心、信息处理与电信革新中心、超级计算中心等，对军用技术向民用转移进行研究。构建军民兼容的国防科技创新体系已经成为提高英国科技的水平和国际竞争力，为武装部队提供经济上可承受的、质量和性能优于潜在对手的武器装备的重要手段。

法国一直奉行独立自主的防务政策，军事对峙形势严峻的冷战时期，法国强调建立一个完全独立的国防工业体系，军队装备国产率达 95%，国防工业近 80%直接或间接为国家所有，国家对这些企业实行较强的行政干预。

冷战结束以后，为适应新的世界形势并增强竞争力，法国于 1994 年发布了国防白皮书，明确提出一部分国防工业要考虑向军民两用方向发展。在武器装备工业中占有重要地位的军用航空航天和防务电子对民用市场最有影响，在其他领域则是民用研究对军用有较大的影响。在随后的军事计划法中，明确提出了国防高技术的研发要以两用技术为重点，在《2003～2008 年军事计划法（草案）》中提出，要通过优先发展军民两用技术来加强研究和技术开发。此后法国政府逐渐认识到，两用技术的开发应用不仅可以大量节省科研生产经费，而且有利于国防工业的平战结合。

2001 年法国国防部和研究部签署科技合作协议，旨在加强两部科技交流与合作。与此同时，法国政府积极鼓励工业界投资参与到国防科技研究中来，并号召包括国防系统的科研机构与企业建立合作伙伴关系，坚持相互间的"战略对话"，并规定国家研究与技术基金拨款要向具有这种伙伴关系的研究开发项目倾斜，以便促进高技术的发展与应用。大力发展军民两用技术，特别是充分利用先进的民用技术，逐渐成为法国发展军事工业的战略性措施。

3. 日本——"以民掩军"模式

二战后日本军事力量受到限制，因而日本没有官方军工厂，取而代之的是数量众多的从事国防研发和生产的私营企业。日本国防工业的发展呈现出以民间技术促进军用技术、以民间工作车间生产军标装备的特征，即"以民掩军"的模式，主要体现在"官、军、民"三位一体的管理体系。

日本国防科技工业的技术研发、需求制定以及产品生产等事务由政府、军队和民间系统共同管理。其中，政府决定国防科技工业发展与管理重大方针政策，防卫省根据相应法律法规和政策，以合同方式对武器装备生产和采购进行归口管理，对军内的科研工作进行计划管理，民间机构（如经团联防卫生产委员会、兵器工业协会等）则对国防科技工业进行管理，推动政策实施并维护国防科技工业的正常运行，同时配合相关管理部门的宏观调节和管理工作。三位一体的管理模式有利于政府对国防科技工业进行宏观调控和管理，另外，军队系统对武器装备的需求由防卫省制定，并反馈到政府宏观计划制定过程，武器装备需求被纳入整个社会经济宏观调控中，从宏观层面实现了军民融合。

日本"全民军工"的渗透性首先表现在军事技术的民用化。二战后日本所有军工技术都被人为分散到民用工业中，如三菱重工由制造战斗机改为生产新干线，制造炮瞄仪的佳能改为生产照相机等。经过几十年的发展，日本多个关键领域的民用技术已经领先于军用技术，已建立了除核武器以外的覆盖航空、航天、兵器、舰船和军事电子等装备的科研生产体系，其在半导体、新材料、超导技术等领域处于全球领先地位，在冶金、机械、钢铁、造船、核工业及航空航天等军民两用产业上，也都具有世界一流的技术和强大的生产能力。"全民军工"的渗透性还体现在日本私营企业在战争需要时能迅速转入军工产品生产，即战时转化生产军品的潜力很强。日本不少大企业的厂房里，都封存着没有订货的军工生产线，这些"库存"中的军工生产线的储藏花销由政府支付。据专家估算，如果这些封存的生产线全部开动，日本航空自卫队的飞机数量能够迅速增长 10 倍以上。

日本防卫当局认为，发展军民两用技术可以减少国家投资风险、降低武器装备成本，同时由于日本没有成体系的军工厂，大多数武器装备在民营企业完成，发展军民两用技术可以兼顾国防工业生产能力和经济效益。日本军民两用技术战略之一是"多研制、少生产"。既能保证日本军事技术不断前进，又能把先进技术用于民品生产，以军用技术提升民营企业的核心竞争力，从而拉动经济增长。还可以扶持可生产军品的民营企业和科研机构。

4. 以色列——"以军带民"模式

以色列国土面积狭小，特殊的地理与安全环境决定了以色列军事工业的重要地位，长期以来以色列都采用了优先发展国防高科技，用先进的国防工业带动国民经济发展的战略方针。在该政策的指引下，以色列大力发展军工企业，研制和生产先进的武器装备，其国防科技工业高速发展，现已形成门类齐全、结构完整、拥有相当实力的国防科技工业体系，被称为中东的"军火库"。

以色列军民一体化发展主要表现在军转民方面，其军民一体化的发展模式是：把军事工业作为本国工业与经济发展的先导，扩大军工技术成果的利用，并将部分军工企业转为民间经营，同时鼓励其他企业利用国防投资来开发生产民品。此外，采取战时为战、平时为出口的方针，既保证了军事工业的发展，又能为国家赚取外汇，解决就业等社会问题。

以色列政府积极推广军转民技术，实现产品、融资、市场和物资来源等各自多元化的政策。为促进军民兼容发展，以色列主要采取的措施有：政府鼓励国有军品公司和私营军品公司平等参与国防装备项目的竞争；使国防部下属企业公司化［如将国防部下属以色列军事工业（Israel Military Industries，IMI，按希伯来语习惯又名 Taas）公司和拉法尔武器装备研制局转变为国有公司］等。

六、科研组织呈现国际化、网络化、一体化的特征

（一）科学研究的国际化

当今科学技术的发展，无论从复杂程度、投资强度，还是科学问题本身所涉及的深度和广度，都标志着科学技术已经进入了一个国际化的时代。尤其 20 世纪 80 年代以来，诸如环境、资源等全球性科学问题以及全球性疾病等涉及全人类共同利益的科学问题逐渐成为国际科学界关注的热点和科学的前沿。在这些日益活跃的区域性和国际性科学研究领域中的双边与多边合作正成为基础研究国际化中的重要趋势，并逐渐成为一种更为普遍的科学研究方式，推动着科学研究的国际化越来越深入地发展。

科学研究国际化趋势的产生和今后的发展都主要取决于科学研究机制和诸如

信息、人才和研究设施等研究资源要素配置的国际化[①]，包括：①研究对象和目标的全球化；②信息的全球化；③科研设施的国际化；④人才需求的国际化；⑤资金来源的国际化；⑥项目评估的国际化（包括立项、成果以及机构）等方面。

随着人类对自然界认识的不断深入，跨学科、跨国界的科学问题越来越成为科学界关注的焦点。科学研究机制和诸如信息、设备、资金和人才等资源要素的国际化极大地推动着国际科技合作向广泛深入且富有实质性发展。区域性的全球范围的科技合作正逐渐成为科学界普遍接受的科学研究方式。中国处于赶超阶段的科学技术事业应适应这一科学研究，尤其是基础研究的国际化趋势，采取积极的措施，逐步形成与国际惯例接轨的国际合作资助和支持模式。

（二）科研活动的网络化

科技项目研究已经从小规模的个体研究过渡到以群体研究为主体的大科学时代，其整体化、综合化趋势达到了前所未有的程度。学科的交叉、渗透和研发力量的集成，使原有的学科界限不断得到突破。组建跨学科跨专业的科研团体，使不同专业背景的成员在思想方法上相互启发，使具有不同专业技能的成员在科研活动中的协调与沟通更加顺畅，就必须扩展管理幅度，减少管理层次。

信息技术、通信技术、网络技术的发展为科研活动网络结构扁平化提供了技术保证。总体看来，成本、人员、信息的有效合理配置，成为组织扁平化的实现基础。信息的共享可以节省信息的寻找和研究的成本，避免重复的研究。

同时，网络化压缩了组织结构，缩短了组织交流信息化、开放化的渠道，使科研人员与管理者关系由从属关系转为合作关系。这种机制又可让信息的传播速度加快，可以迅速提高整个地区的知识水平，进而又加快各个组织自身的知识进步，占领科技的制高点。

科研活动的网络化特征又决定了科研组织的网络化，表现在以下方面。

（1）科技项目多学科交叉、融合的特征，使其只有应用网络化的组织模式才能实现组织内部频繁的水平交流，建立其各水平单位间的信任、沟通和协调。其中信息平台是实现这一功能的基础。

（2）科技项目对知识和个人的重视也决定了必须使用网络化组织模式。因为只有在这种组织模式下，各参与单位与个人才能在平等、自由和相互信任的基础上建立稳固的合作关系，进而彼此教育，实现知识和技能的共享。

（3）科技项目具有时间上的临时性和空间上的分散性，这也要求其应用网络化组织模式。由于我国重大科技项目的项目周期一般为3～5年，项目进展过程中可能会面临人员的调整，所以矩阵网络组织模式是其最优选择。而且分项目和子

---

① 常青：《科学研究的国际化趋势及其对策》，中国科学基金，1998年第4期：第64~67页。

项目一般都会分散到全国各地的研究院所和科研公司，这也使建立层级的组织结构变得不可能。

随着许多产学研单位介入科技项目中来，成为网络化组织的一个节点，科技项目的组织的运行效率成为监督和考核的一个重要标准。在网络化组织模式里各个网络单元内部以及各个网络单元之间的交流都非常频繁，非正式组织和非正式信息传递渠道的存在有效地提高了网络化组织信息传递的效率和效果。

（三）科研组织的一体化

1. 科学和技术一体化

科学和技术一体化是当代科技革命的一个显著特点，主要是指科学越来越离不开技术支撑，并且向技术转化的速度越来越快；同时技术也离不开科学的指导，科学含量越来越高。

科学与技术衔接后相互渗透、相互包含，以致融合成连续的整体。

科学技术一体化的主要特征是：科学技术化、技术科学化，并在科学和技术之间陆续诞生了许多边缘学科和交叉学科。

科学技术化有两方面含义，一是在科学研究活动中包含了大量的技术活动和把技术成果作为科学的辅助部分；二是科学的发展依赖于现代技术为其提供先进的研究设备和手段，技术在科学研究中显现出前提性作用，新技术的发展促使认识自然的手段不断增加、不断提高，从而推动科学的进一步发展。技术科学化包含两层意思，一是在技术开放活动中，科学知识成为技术活动的组成要素，技术开发具有科学探索的属性，变为科学的延伸和拓展；二是技术以科学知识为基础，技术的发展依赖于现代科学，重大技术问题的解决往往依赖于科学理论的突破。

科学成就是在技术基础上的技术科学化的结果，技术可以产生科学，技术科学化表明：技术是科学实验的设备；技术是科学概括和分析的来源；技术实践可以检验科学认识的真实性，科学知识要经受技术的考验。

技术革命是科学基础上的科学技术化的结果。在得到科学指导以前，技术发明是偶然的、经验的，一旦得到科学理论的指导，掌握了规律，技术的进步就成了自由的过程。可以看出，科学对技术的作用主要来源于两个方面：一是技术创造来源于科学理论和科学预见的物化；二是技术创造来源于科学实验的放大和扩展。

2. 科研和生产一体化

科研项目的集成式管理，将科研活动和生产活动基于客户需求与商业成功地有机结合起来，是按价值流程定义科研生产活动和资源分配，从根本上解决工厂和研究所之间的价值目标差异和利益分配，实现项目成功。

基本特征包括将研发、生产、服务保障等不同的领域集合为一个利益整体，将运行组织放置于一个架构框架、一个计划下运作，实现决策主体一元化、运营管理一体化。组织中的工作人员既同原来所属的职能部门保持组织上和业务上的联系，接受职能部门负责人的领导，又参加项目工作，接受项目经理的领导。

基础科研的技术研究与生产价值取向一致。科研从突出成果转向突出商业应用，注重使用、工艺、技术和工程化等的兼备性及经济效益性。

3. 科研和教学一体化

目前国内外高校趋向于教育科研一体化、科研过程教学化的特点。

教学与科研相辅相成，是一个有机的统一体。在大学，搞好科研是提高教育质量的基础。科学研究是大学连接科学与培养人才的桥梁，而培养高素质的创新型人才是衡量教学质量的最主要标准。国内外高校有名的教学大师都是科研工作能力强、科研成就突出的科学家。搞好科研的教师不一定能搞好教学，但不搞科研的教师一定搞不好大学教学工作。搞好科研是提高教学质量的基础，是促进科研成果转化、提高科研效率和质量的重要途径。大学科研成果的转化有相关单位直接采纳、论文论著发表出版等多种途径，其中通过教学工作传授给大学生，让大学生通过实践传播，是非常重要的途径，特别是教师通过科学研究得到的创新思想、创新理念、创新知识、创新方法等，更需要通过教师的讲解让广大学生去吸收、消化、传播，使其在实践中转化为生产力。

另外，教学有助于教师将科学知识系统化，并为自己的科研活动梳理思路，启发创新思维，催生新的科研增长点。

七、科技在应对非传统安全挑战中的作用凸显

随着国际环境的改变，面对 21 世纪非传统安全问题突显和新的安全形势，仅仅依靠传统的手段和思维理念是不够的。

金融危机爆发、新冠疫情流行、印度洋海啸灾难、艾滋病蔓延、疯牛病恐慌、网络黑客袭击、全球毒品泛滥等这些问题难以由传统安全理论来解释，它们只能被称为"非正常""非典型""非常规""非主流"安全问题而被纳入"非传统安全"的范围。面对非传统安全带来的挑战，更好地维护社会安全和生命安全，需要科技思想和手段。

对于新冠疫情等非传统安全威胁和挑战，需要沉着冷静科学应对，在采取各种有力措施的同时，加快研发疫苗和药物等才能度过危机。

第二节　科技创新中心与科技城

一、世界各地科学城发展概况

（1）美国加利福尼亚州旧金山湾区以南地区，即举世闻名的"硅谷"，是世界上第一个高技术科学园区。这里聚集着几千家高技术公司，是一个规模巨大的高技术科学城，美国九大制造业中心之一。在美国已有一百多个这样的园区，数量和规模均居世界之首，包括波士顿"128 号公路"沿线地区、"北卡罗来纳州三角园"等。

（2）日本已设立"硅岛""筑波科学城""千叶新产业三角研究园区"等几十个高技术科学园区。日本政府还在继续投资，建设一批规模大、产业新、起点高的科学园区。

（3）英国现有 50 多个高技术科学园区，其中最著名的有"剑桥科学园区"和"苏格兰硅谷"。"剑桥科学园区"是大学和工业部门合作最成功的例子，"苏格兰硅谷"是世界上除美国硅谷以外电子厂家最集中的地区，生产英国 80%的集成电路和 50%的计算机及其附属产品。

（4）法国的"硅谷"是格勒诺布尔工业园，现拥有 8000 多家生产高技术电子产品的企业，是法国开发电子技术的中心和生产电子产品的基地。法国目前已有几十个城市兴建各类科学园区，其中知名的还有"法兰西岛科学城""安蒂波利斯科学园"等。

（5）德国"慕尼黑高科技工业园区"是德国电子科研的中心，现拥有数百家电子公司，西门子公司就设在这里。德国已建成 30 多个高技术科学园区，知名的还有"亚琛技术中心""海德堡科技园区"等。

（6）意大利的"蒂布尔蒂纳国家高科技园区"位于罗马东北部，该园区的塞莱尼亚集团公司拥有 9 家大公司、16 家工厂，参与了世界上 62 颗通信卫星的生产和 74 个卫星地面站的建设，产品已覆盖军事、民用的许多高技术部门。

（7）新加坡于 1984 年建立的"肯特岗科技园"，已建成了"海外科技中心"、"软件科技中心"和"材料科技中心"，并准备把全国建成电子城。

（8）中国台湾的"新竹科技园区"位于台中港与台北之间的新竹山区。自 1980 年以来，已吸引了上百家公司，生产半导体、精密电子产品等，并积极寻求再从工业发达国家吸引 150 家企业来投资设厂。

（9）韩国已建成 12 个高技术开发区，在促进科研成果产业化、商品化方面起了重要作用。

（10）印度有一个著名的"硅谷"——班加罗尔，吸引了很多印度公司和外国的跨国公司。印度政府还根据本国智源丰富的特点，瞄准日益扩大的世界计算机软件市场，建立了四个计算机软件技术园区，印度软件专家可在这些园区内通过国际通信卫星直接向海外客户输出软件。

二、科学城关键成功要素

（1）技术基础：基础设施、网络架构、通信设备……
（2）人才储备：周边大学、技术人才、人才培训……
（3）创业氛围：鼓励创新、容忍失败、灵活的政策……
（4）园区管理：景观规划、行政管理、优惠政策、招商引资……

第三节　重视战略科技人才

一、什么是战略科技人才

习近平指出，要"努力造就一大批能够把握世界科技大势、研判科技发展方向的战略科技人才"[①]。习近平关于战略科技人才培养的重要论述，鲜明指出了培养造就战略科技人才的极端重要性和努力方向。实施科技强国战略，必须着眼新时代国际国内科技发展大势，以国家中长期人才队伍建设战略规划为遵循，确立战略科技人才培养目标定位，致力培养和造就一大批战略科技人才。

战略科技人才具有把握世界科技大势、研判科技发展方向、创造引领时代重大科技成果的特点和优势，在人才队伍建设中处于十分突出的位置。

建设科技城，既需要战略科技人才来引领支撑，又可以培养和锻炼一大批战略科技人才队伍。

二、硅谷与战略科技人才的引领作用

被称为"硅谷先驱"的电力工程教授弗兰德里克·特曼，在 20 世纪 20 年代任斯坦福大学副校长期间，致力于将大学的科研与企业结合起来，注重科学的实效性。

特曼的贡献是，使大学和产业形成一种共生关系，在其中，大学成为高技术

---

① 《习近平：为建设世界科技强国而奋斗》，http://www.xinhuanet.com/politics/2016-05/31/c_1118965169.htm?agt=8，2022 年 8 月 31 日。

产业的知识库和智力资源。特曼为斯坦福大学创立了世界一流的工程系，督促对固态物理设备和其他技术的研究，而这些研究成果为 20 世纪五六十年代的"电子革命"奠定了基础。特曼帮助兴建的斯坦福大学研究院(Stanford University Research Institute，SRI)是专门从事与国防有关的研究并负责将军用技术转为民用技术的研究机构。SRI 对西海岸公司的发展起到巨大作用。特曼还推动了"斯坦福工业园"的建立和发展。这是世界上第一个高技术园区，被特曼称为"斯坦福的秘密武器"。通过"荣誉合作项目"，在公司的教室里讲授斯坦福大学的课程，使公司的工程师能够把握最新科技的发展，同时又使大学教授及时了解公司的发展状况，加强了公司和大学之间的联系。

从某种意义上说，推动硅谷前进的最大动力就是那些创新企业家、工程师和科学家。如果没有威廉·肖克利、弗兰德里克·特曼、罗伯特·诺伊斯、特德·霍夫和詹姆斯·乔伊斯等著名的技术家与企业家，硅谷的发展是很难想象的。

而移民企业家，尤其是中国和印度的移民对硅谷发展的贡献也至关重要。据统计，有专业技能的移民在硅谷的数量占大多数技术公司工程师总数的 1/3，截止到 1998 年，中国和印度的工程师所创建的企业占硅谷技术产业的 1/4，销售额的加总超过 168 亿美元，提供了 58 282 个就业机会（分别占总销售额的 17% 和总就业机会的 14%）。

三、新竹科学城与战略科技人才的作用

新竹科学城是"引进—消化—出口"型的高技术工业园区。从价值链最低端的代工起步，发展到现在的生产技术、人才、资本、管理模式和品牌输出。新竹科学城已成为全球第三大微电子产业基地，占领全球扫描仪产量 95%、微芯片产业 65%、电脑主板产业 80%、图形芯片产业 80%、笔记本电脑产业 70% 的份额。

园区选址靠近大学和科研机构，周边有台湾著名的台湾清华大学、台湾交通大学、台湾工业技术研究院等众多高校和科研机构。台湾整个微电子行业公司的老板半数为台湾交通大学的毕业生。同时，台湾工业技术研究院每年会有 10% 到 15% 的人才流动到产业中去，等于释放出来 500 个到 800 个研发人才到产业界。台湾工业技术研究院共培育超过上百位 CEO，除了半导体和个人电脑产业之外，还包括 TFT-LCD[①] 面板产业、LED 产业，高端机床、生物医药等产业的背后也都有台湾工业技术研究院的身影。

---

① TFT-LCD 表示 thin film transistor liquid crystal display，薄膜晶体管液晶显示。

四、韩国大德科学城与战略科技人才的作用

韩国大德科学城于 1973 年成立，是韩国政府从"贸易立国"转向"科技立国"发展战略的一部分。作为韩国最早也是最大的科技园区，大德科学城发展模式与时俱进，逐渐成为韩国 21 世纪经济增长的发动机，可与美国硅谷、日本筑波相媲美。

大德科学城位于韩国中部的忠清南道大田附近，占地面积为 27.8 平方千米，以开发尖端技术、培养高级科技人才、加速研发成果的转化、发展技术密集型和知识密集型产业为目标。重点研发领域包括生命工学、信息通信、新材料、精细化学、能源、机械航空等国家战略产业技术、大型复合技术和基础科技等，超过3000 家企业和 20 家外国研发机构进驻园区。

第十三章　科技强国建设的战略政策

第一节　战略意义

一、支撑中华民族伟大复兴

在全球化浪潮和日趋激烈的国际竞争中，科技创新如逆水行舟，不进则退。建设世界科技强国，深刻关乎国家根本，必须更多依靠创新驱动为中国经济社会发展注入强大动力，以创新发展引领全面发展。建设世界科技强国，是实现"两个一百年"奋斗目标，实现中华民族伟大复兴中国梦的必然选择。

建设世界科技强国是民族复兴的必由之路。两百多年来，历次科技革命和产业变革无不深刻改变世界发展走向、重塑国际竞争新格局。科技创新已成为国力消长的决定因素，成为民族兴衰的关键所在。当前，我们比历史上任何时期都更接近实现中华民族伟大复兴的目标，建设世界科技强国，正是在攸关民族未来命运的历史关头，以习近平同志为核心的党中央，面向世界、面向未来，对国家发展和民族未来做出的历史宣示，是焕发创新这一中华民族最深沉禀赋，走向中华民族伟大复兴的庄严抉择。

二、抢抓历史交汇机遇期

当今世界科技浪潮风起云涌，学科领域发展千帆竞进、百舸争流。新一轮科技和产业变革正加速推动社会生产力再次飞跃。科技革命与产业变革历史交汇引发竞争赛场迭加兴起、快速转移，恰与中国发展动力转换和经济转型升级同频共振，两大历史交汇的到来，为我们开启了重要的战略窗口期，机遇难得、形势逼人。

建设世界科技强国是凝聚力量实现跨越赶超的鲜明旗帜。中国正处在科技创新跨越发展的关键时期，在一些重要领域方向已跻身世界先进行列，在某些前沿方向开始进入并行、领跑阶段。对标世界科技强国，我们有突出优势也有明显短板，把科技界、产业界和全社会的力量凝聚在向世界科技强国进军的旗帜下，中国特色自主创新道路就可以越走越宽广，以科技创新的迅速赶超实现国家发展的快速跨越。

成为科技强国必须具有世界一流的原始创新能力。我们要抓住新一轮世界科技革命蓄势待发的机遇，瞄准国际科学前沿，立足国情实际，以时不我待、只争朝夕的劲头，坚定敢为天下先的志向，自由畅想，大胆假设，认真求证，力戒浮躁，执着追求，在独创独有上下功夫，挑战前沿科学问题，在重大科学问题上取得一批原创性突破，掌握一批重大颠覆性技术创新成果，力争在重要科技领域实现跨越发展，跻身世界先进行列，实现中国科技创新从跟跑向并行、领跑的战略性转变，成为世界主要科学中心和创新高地。

三、现代化强国重要保证

建设科技强国意味着中国要成为世界主要科学中心和创新高地。判断一个国家成为科技强国有三个重要标志：①具有引领世界的科技创新能力；②形成高水平的创新型经济；③建成富有活力的创新型社会。

创新能力表现在能够产生影响世界科技发展和文明进步的重大原创性成果和国际顶尖水平的科学大师，拥有世界一流高校、科研机构、创新型企业和高水平创新基地，成为全球高端创新人才的聚集地。

创新型经济则指劳动生产率、社会生产力提高主要依靠科技进步和全面创新，经济发展质量高、产业核心竞争力强。

创新型社会是指科技和人才成为国力强盛最重要的战略资源，创新成为政策制定和制度安排的核心因素，尊重知识、崇尚创新、保护产权、包容多元成为全社会的共同理念和价值导向。

建设科技强国，要在实践中进一步提升科技创新的位置。高水平的科技创新不仅是现代化的重要内涵，同时也是现代化的基础和前提。建设现代化强国首先要建成科技强国，要把科技创新作为最根本、最核心、最关键、最可持续的竞争力，融入现代经济社会发展全方位、全过程，全面支撑引领物质文明、政治文明、精神文明、社会文明、生态文明建设，走出一条从人才强、科技强到产业强、经济强、国家强的发展新路径，为实现中华民族伟大复兴的中国梦提供强大支撑。

第二节　战　略　原　则

一、坚定贯彻实施国家科技发展方针

在新中国70多年的发展历程中，科技创新在党和国家全局中的地位不断提升，这既是国家发展阶段演进的内在需求，也是全国科技界和社会各界共同奋斗的结果。从"科学技术是第一生产力"到"创新驱动发展"，从"科技自立自强"到"强化国家战略科技力量"，在国家发展的每一个关键阶段，党中央都围绕科技创新做出了重大决策部署。

上一轮中长期科技发展规划提出了自主创新的指导方针。在这一方针指导下，中国科技事业实现了历史性、整体性、格局性的重大变化。中国科技发展水平特别是关键核心技术领域，与国际先进水平相比仍存在很大差距，同实现世界科技强国的目标要求还不相适应。创新追赶的任务具有长期性和艰巨性。

只有准确理解并坚决执行国家科技战略方针，才能建设世界科技强国。要全面提升创新能力，必须以全球视野谋划和推动创新，坚持聚焦国家战略需求不动摇，坚持关键领域自主可控不动摇。实践证明，只有不断增强自主创新能力，才能在国际合作中获得更多平起平坐的机会。

二、遵循历史和现实规律

（一）科技发展和经济发展互相促进

近代以来，世界各国现代化进程充分演绎了从科技强到经济强、国家强的基本路径。每一次科技革命都改写了世界经济版图和政治格局。世界经济中心几度转移，其中一条清晰脉络就是科技一直是支撑经济中心地位的强大力量。领先科技出现在哪里，尖端人才流向哪里，发展的制高点和经济的竞争力就转向哪里。

中国经济已由高速增长阶段转向高质量发展阶段。高质量发展的特征是从要素驱动向创新驱动转变。科技创新是引领高质量发展的核心驱动力，可为高质量发展提供新的成长空间、关键着力点和主要支撑体系。

随着外部环境发生深刻变化，特别是中美经贸摩擦日益复杂，创新博弈更加激烈，给中国经济社会发展带来了许多不确定性。中国现代化进程需要面对的压力可能也是一种动力，会倒逼技术升级、产品升级、产业升级。为此，更需要加快自主创新步伐，把外部风险挑战转化为科技创新发展的重大机遇。

历史和现实都告诉我们，要把握好历史大变局的趋势和机遇，找准发展领域、发展重点、发展路径、发展方法，把科技创新作为各项工作的着力点、切入点和逻辑起点，以科技强国建设保障现代化强国目标的实现，这是中国未来发展的必由之路。

（二）科技发展动力来源于社会发展

新中国成立以来，经济社会发展取得了举世瞩目的巨大成就，科技创新在经济社会发展中的地位不断提升，影响范围和作用领域持续拓展，实现了从融入经济发展到支撑引领经济发展、社会民生和国家安全等各方面、各领域的重大转变。

中国在建设现代化国家的新征程中还面临诸多困难挑战，还有很多深层次结构性问题亟待解决。新时代社会的主要矛盾已经转化为人民日益增长的美好生活需要和不平衡不充分的发展之间的矛盾，人民收入水平将从中等收入阶段向高收入阶段迈进，人口结构、需求结构都将发生重大变化。应对这些新变化，要求科技创新全面融入经济社会发展，在解决"结构"和"动力"两方面下功夫，为"平衡"和"充分"发展提供更强大、更关键的支撑。

（三）把握科技发展加速演进特征

历次科技革命和产业变革都引发了生产方式和生活方式的巨大变革。全球新一轮科技革命和产业变革正在加速演进，可能会引发更为剧烈的变革。从微观到宇观各层次、各领域的技术都在加速突破，新方法、新手段不断涌现。信息技术与生物技术不断融合，人工智能、量子计算与通信、脑科学、基因编辑等新兴技术加速迭代。科技的渗透性、扩散性、颠覆性特征，正在引发国际分工重大调整，重塑世界竞争格局，改变国家力量对比。一个国家一旦在某个科技领域领先或落后，就可能发生竞争位势的根本性变化。我国既面临赶超跨越的难得历史机遇，也面临差距进一步拉大的严峻挑战。只有全面增强科技创新能力，力争在重要科技领域实现跨越发展，才能在新一轮全球竞争中赢得战略主动。

三、依靠国家创新体系建设

《国家中长期科学和技术发展规划纲要（2006—2020年）》指出，"国家创新体系是以政府为主导、充分发挥市场配置资源的基础性作用、各类科技创新主体紧密联系和有效互动的社会系统"。

国家创新体系主要由创新主体、创新基础设施、创新资源、创新环境、外界互动等要素组成。

国家创新体系是决定国家创新发展水平的基础，国际竞争在很大程度上是创新体系的比拼。建设世界科技强国，必须统筹推进高效协同的国家创新体系建设，必须对科技创新的战略、规划、主体、评价等成体系构建和布局，促进各类创新主体协同互动、创新要素顺畅流动高效配置，形成创新驱动发展的实践载体、制度安排和环境保障，这是基础性、系统性、长期性的工作[1]。

---

① 王志刚：《新时代建设科技强国的战略路径》，《中国科学院院刊》，2019 年第 34 卷第 10 期，第 1112~1116 页。

国家实验室、国家科研机构、高水平研究型大学、科技领军企业是国家创新体系的重要主体，也是国家战略科技力量的重要组成部分。建设科技强国要全面提升各类创新主体的能力，加快建设国家实验室，重组国家重点实验室体系。培育一大批世界级领军企业，鼓励更多企业开展原创性研究。建设世界一流大学，系统提升人才培养、学科建设、科技研发三位一体创新水平。建设世界一流科研院所，围绕国家重大需求，有效整合优势科研资源，形成一批具有鲜明特色的世界级科学研究中心。发展面向市场的新型研发机构和科技服务机构，激发各类创新主体的创新活力。

要强化政府战略规划、政策制定、环境营造、公共服务、监督评估和重大任务实施等职能，发挥好国家重大科技决策咨询制度的作用。按照目标导向和自由探索两种类型，分类推进基础研究、应用基础研究和技术创新，在研发投入、政策制定、项目管理服务等方面实施不同政策。建立快捷的新技术、新产品准入机制，综合运用财税、金融和标准等政策手段，促进科技成果的规模化应用。

建设科技强国，要建设一支规模宏大、结构合理、素质优良的创新人才队伍，激发各类人才创新活力和潜力。围绕重要学科领域和创新方向造就一批世界水平的科学家、科技领军人才、工程师和高水平创新团队。

第三节 总 体 思 路

一、经济与科技互为促进发展

世界科技创新强国具有前瞻性基础研究水平高、前沿引领技术创新能力强、带动世界科技发展范围广、引领国家高质量可持续发展作用强等特征。近现代意大利、英国、法国、德国、美国等科技强国崛起的历史表明，世界科技强国崛起主要取决于五大关键因素：一是雄厚的经济实力；二是大学教育体制创新；三是科研组织建制化发展；四是雄厚的物质技术基础；五是唯实求真开放包容制度文化环境。

例如，二战之后，日本根据自身竞争力演进需要，先后确立了贸易立国、技术立国、科技创新立国和知识产权立国等国家战略，走出了一条后发国家建设科技强国的道路。总体而言，世界科技强国所经历的从"经济强国"向"创新强国"，再向"科技强国"的梯次跃进，表明经济强国为建设创新强国奠定了坚实的物质基础，创新强国为建设科技强国奠定了有效的创新体系与丰富的创新人才基础，科技强国是建设的目标，是经济强国可持续的保障。

二、国家创新体系建设为主线

以国家创新体系与能力建设为主线，以体制机制改革为动力，按照经济强国——创新强国——科技强国的梯次建设目标要求，完善创新发展和创新创业制度文化环境，加快布局建设国家实验室系统，优化国家科学研究系统布局，强化国家产业创新系统布局，加快布局建设重大科技基础设施和科技条件平台，建设北京、上海、粤港澳大湾区等一批有全球影响力科技创新中心，以及北京怀柔、上海张江、安徽合肥等一批综合性国家科学中心，在中西部国家中心城市布局建设一批有全国影响力的科技创新中心，带动一批创新型城市群和创新型都市圈的快速发展，打造一批区域创新发展新引擎，支持创新主体全方位融入全球科技创新网络，支持区域创新和创业生态系统转型升级，支撑国家科学技术发展、产业创新发展、社会创新发展、环境创新发展，真正走出一条具有中国特色的科技强国之路。

三、产学研创新能力建设为依托

建设世界科技强国，需要以企业创新能力建设为中心，兼顾大学科研机构创新能力建设。一方面要进一步加速创新要素向企业集聚，强化企业为核心的国家创新体系与能力建设，强化企业全球制造和创新合作网络建设；另一方面要加快建设有全球影响力的科技创新中心和综合性国家科学中心，以及国家创新型城市（群）和国家自主创新示范区，缩小中国学术界与产业界之间创新能力差距，缩小中国东部地区与中西部地区之间创新能力差距，支撑中国创新驱动转型发展。

建设世界科技强国，需要以国家实验室体系与能力建设为中心，兼顾国家研究实验体系与能力建设和国家产业创新体系与能力建设。一方面，强化国家实验室体系支撑引领国家经济、社会、环境发展和保障国家安全的独特功能；另一方面，加强国家研究实验体系与能力建设和国家产业创新体系与能力建设，支撑引领产业创新驱动与数字转型，培育源头技术驱动的战略性新兴产业。

建设世界科技强国，需要以综合性国家科学中心体系与能力建设为中心，兼顾一流大学和创新型行业龙头企业的合作网络与能力建设。一方面，建成一批重大科技基础设施集群为支撑的综合性国家科学中心，集聚和成就一批世界顶尖科学家，缩小"中国学术界与世界主要科技强国学术界"之间创新能力差距；另一方面，支持一批世界一流开放型大学与创新型跨国经营企业共建应用基础研究和前沿引领技术创新平台，培养全球优秀青年科技创新人才，引领全球产业创新发展方向。

四、重点任务

（一）重视基础研究和核心技术

鼓励企业更加重视基础研究和应用研究，以应用研究带动基础研究，促进高校、科研院所、企业等各类创新主体协同协作，建立更紧密的产学研合作关系和创新伙伴关系。密切知识生产供需对接，把国家重大科技项目等打造成为融通创新的重要载体，推动基础研究、应用研究与产业化对接融通，有针对性地促进知识生产与转化应用形成良性循环。

瞄准国家重大战略需求和未来产业发展制高点，更加重视教育、培训和人力资本投入，健全鼓励支持基础研究、原始创新的体制机制，为核心技术突破提供坚实的科学基础。完善共性基础技术及关键核心技术创新生态，完善知识产权管理体系、应用创新市场体系、融资支撑体系和产业创新发展支撑体系建设[1]。

（二）支持重大科技基础设施及平台建设

解决已建成平台设施普遍存在的配套应用能力不足、实验研究终端系统薄弱等问题，强化平台设施运行的科技安全、网络安全等弱项，大力提升平台设施开放运行的服务能力和支撑水平。统筹布局基础前沿和交叉科学领域的重大科技基础设施及平台建设，通过开放合作更好地集聚使用国际国内科学人才，更好地集成国内外优势力量和先进技术。

（三）鼓励新型研发机构建设

面向国家战略需求和国民经济主战场，以提升产业技术创新能力为导向，组建创新链与产业链深度融合的产业创新研究院等新型研发机构，探索"政产学研用"开放协同、共同治理的新型组织架构。加强转制科研院所创新能力建设，引导有条件的转制科研院所更多聚焦科学前沿和应用基础研究，打造引领行业发展的原始创新高地。重塑国家重点实验室体系，支持产学研共建联合实验室和新型研发机构，加强面向行业共性问题的应用基础研究。

未来的创新单元、创新主体边界不再清晰，会出现很多自发、自治型组织。要制定全面创新激励政策，普惠激励全社会创新；规范发展要素与产权交易市场，促进风险资本与技术资本和创新资本对接；完善高新技术产品和服务首购、订购制度；发展面向科技创新的债券市场，设立各类专项发展基金，从创业投资、创

---

① 张瑾、杨彩霞、万劲波：《全球科技治理格局下的开放创新体系建设》，《科技导报》，2020 年第 5 期，第 6~12 页。

新风险基金、政策性金融到上市融资，形成具有多样化的市场准入机制、项目孵育手段、资金来源渠道和退出机制的科技融资体系。

第四节　政　策　取　向

建设世界科技强国需要从国家创新体系与能力建设出发，可以从提升政府科技管理能力，提高大学、科研机构研究水平，加强企业技术创新能力，改善科技创新人才机制等方面着手。

一、政府科技管理能力提升

推进政府科技管理数字转型，提高国家科技资源整体配置效率和效益，需要重点加强三个方面的工作。一是推进政府宏观科技管理决策过程数字转型。建立国家科技管理决策专家系统和智能化决策辅助系统，动态监测全球科技发展趋势，评价经济、社会和环境创新发展的科技需求，支撑多元创新主体参与政府资助重大科技计划（项目）立项决策。二是推进政府资助项目管理平台数字转型。建立政府资助科技计划（项目）全过程管理数字转型规范，动态监测评价科技活动进展并推动信息有效共享，强化政府多部门协同攻关和系统集成。三是推进科研成果管理模式数字转型。完善科学报告制度，建立数字化科学数据共享平台和科技成果社会监督评价机制[①]。

二、高校、科研机构和实验室能力提高

以布局建设重大科技基础设施集群为物质技术基础的综合性国家科学中心为契机，集聚一批世界顶尖科学家，提升大学和科研院所前瞻性基础研究和前沿引领技术原创能力，强化科学技术引领未来功能，引领学科交叉和融合科学发展。

以国家创新型城市（都市圈）和国家自主创新示范区建设为契机，强化区域（城市）特色优势创新体系建设，支撑区域创新驱动转型发展。

建立研究型大学和一流科研院所科教融合机制，在面向世界科学技术前沿和国家重大战略需求的创新实践中培养高层次人才，在科教融合中强化研究型大学科研功能和一流科研院所的研究生培养功能。

建设世界一流国立科研机构，强化国家战略科技储备，培育科技引领能力，

---

① 穆荣平、陈凯华：《2019国家科技竞争力报告》，科学出版社，2021年。

需要坚持面向世界科技前沿、面向经济主战场、面向国家重大需求、面向人民生命健康的价值导向，明确国立科研机构使命定位，建立国立科研机构动态调整机制，强化国立科研机构在基础性、战略性和前瞻性科学研究中的骨干引领作用。另外，对于面向世界科技前沿的国立科研机构，要加大财政经费保障力度。

三、企业研发创新能力加强

支持企业技术创新体系建设，培育引领产业创新发展方向的世界一流创新型企业，强化企业源头创新能力，需要重点加强四个方面的工作。一是以国家企业技术中心为抓手，支持企业建设国家技术创新中心、国家产业创新中心、国家制造业创新中心、国家工程研究中心及企业海外研发中心，推进企业技术创新体系建设。二是加大企业研发费用加计扣除政策力度，支持企业承担国家科技计划项目，引导创新要素加速向企业集聚。三是支持企业主导建立产学研创新联合体，支持企业与大学科研机构建立联合实验室，开展行业关键共性技术攻关和技术标准制定，引领产业创新发展方向。四是支持企业建立健全知识产权管理规范，加大知识产权保护力度，提高市场准入技术标准，提升企业国际竞争力。

四、科技人才成长环境改善

深化人才供给侧结构性改革，完善科技创新人才成长环境和涌现机制，加强高层次创新型人才培养，需要重点加强四个方面的工作。一是加强创新创造人才培养，把科学精神、创新思维、创造方法和社会责任等内容贯穿教育全过程，着力培养面向社会、面向世界、面向未来的创新创造青少年人才。二是调整科技创新人才培养结构，在创新团队建设过程中，着力发现和支持一批把握科技发展方向能力强的战略科技人才和系统集成能力强的科技领军人才，着力培养和支持一大批专业素养好、学术水平高的顶尖人才。三是推进科技创新人才国际化发展理念，支持大学、科研机构和企业研发机构国际化，推进国家科技计划面向全球杰出科技人才设立冠名人才项目，优化国际科技创新人才工作制度和科研环境，既支持中国科技创新人才走出去开展国际合作研究，也创造条件成就全球杰出青年科技人才事业梦想。四是优化科技创新人才职业成长环境，建立科技创新人才价值创造贡献的社会认可机制，形成科技创新人才涌现的制度文化环境。

第十四章　科技强国建设的路径举措

第一节　财政和金融

一、加大财政科技投入

（1）要贯彻优化科技资源配置，综合运用无偿资助、偿还性资助、风险补偿、贷款贴息及补助等方式引导金融资本参与实施国家科技重大专项、科技支撑计划、火炬计划等科技计划。

（2）财政科技支出应重点投向科技型企业创业投资引导基金，用于扶持风险企业家发展创新产品，以鼓励风险投资在技术酝酿与发明阶段、技术创新阶段、技术扩散阶段和工业化大生产阶段的投入。每一阶段的完成和向后一阶段的过渡，都需要资金的配合，而每个阶段所需资金的性质和规模都是不同的。

（3）在整合现有政策资源和利用现有资金渠道的基础上，建立稳定的财政投入增长机制，加大科研投入。

（4）要针对科技人力资本、研发费用比例较高的特征，切实完善税收激励政策，重点在落实好现行各项促进科技投入、科技成果转化和支持高技术产业发展等税收政策的基础上，从激励自主创新角度，制定支持政策。

二、引导金融机构对科技企业支持

（1）鼓励引导银行机构不断加大对高新园区的信贷投入，在创新金融产品和服务方式方面，探索适应科技型企业特点的信贷产品，如知识产权质押贷款、股权质押贷款、中小企业集约贷款、节能补贴贷款等。

（2）在科技证券方面，要为新兴产业开拓证券融资的新渠道。

（3）提高科技金融服务水平，要有新思路、新办法、新途径来解决发展中遇到的问题。

（4）在科技保险方面要进一步提高保险的保驾护航能力。由于风险投资的种子期和导入期存在很大风险，如高新技术的技术风险、高新技术产品的市场风险、高新技术企业的管理风险等。如果能引入保险公司参与其中，这将对风险投资的发展极为有利。

（5）金融系统要根据创新主体不同的技术路线和技术层次，提供多样化金融服务。以自主研发为基础的新兴产业，如电动汽车等，研发阶段要加大研发投入，推进有实力的汽车企业开发电动汽车，优先安排有关项目在资本市场上融资；在导入产业化阶段，大力引入各类创业资本；在成长与扩张阶段，要综合运用各种投融资手段，加大银行信贷和汽车消费信贷方面的支持。以引进消化国外先进技术和关键设备为基础以及外向型的新兴产业，如核电产业以及太阳能光伏产业等，在引进和产品进出口环节，银行要采用贸易融资、外汇套期保值等多种方式，帮助企业规避贸易风险和汇率风险；在消化创新环节，要支持企业通过信贷和资本市场融资，加大创新投入以传统技术改造升级为基础的战略性新兴产业。例如，生物质发电、垃圾发电等项目，银行要积极提供贷款，支持企业通过锅炉振动炉排、秸秆发电除尘等关键设备研发和引进，进入新兴发电行业；要开展并购贷款，支持传统企业通过兼并重组，进入新兴行业。

三、建立金融和科技的对接平台

要建立金融和科技的对接平台，为专利技术提供评估、定价、交易等系列服务。

（1）整合各地金融与科技信息资源，逐步建立全国性的信息共享平台。将各地主要高新技术开发区的代办股权转让系统联网，统一标准和进行信息披露。

（2）建立对知识产权的评估体系。

（3）联合银行、中介机构、行业协会共同建立创新型企业信用评价系统。

（4）办好知识产权交易所和股权交易托管中心，规范发展区域性场外交易市场。

第二节　人才引进和培养

应抓住机遇继续突破科技人才政策，构建更为开放、务实、灵活的制度政策来引进和培养科技人才，助力世界科技强国建设。

一、科技人才引进策略

（1）进一步放宽外国留学生在华实习就业限制，吸引全球优秀的科技人才苗子。外国留学生作为国际科技人才的重要储备，对于加强国家人才竞争力，建成世界科技强国具有重要作用。

（2）吸引更多高层次留学人才回国发展，创造宽容的科技人才发展环境，促进留学回国人才在体制内外流动。要让人才能够在政府、企业、智库间实现有序顺畅流动。为优秀留学回国人才提供施展才华的平台，搭建优秀留学人员的引力场和高级科技人才的蓄水池。

（3）鼓励海外专家为国效力，构建海外"科技人才库"，促进海外华人中的科技人才引进。

二、人才培养和服务

（1）推行国际职业资格证书考试认证以及鉴证服务，探索开展科技创新领域专业资格国际认证工作。开展电子通信、计算机、自动化、信息等领域的工程技术人才国际资格互认试点，探索建立国际化人才评价互认标准。

（2）进一步推动科技人才政策的创新，如允许外籍科技人才担任新型科研机构事业单位法人代表、驻外机构负责人；允许引进的外籍科学家领衔承担国家科技计划（项目）、参与国家标准制定、申报政府科学技术奖及院士评选、开展创新活动、参与社会团体等，通过开放创新资源进一步吸引国际科技人才。

（3）国际科技人才在互联网等新兴领域优势明显，而在这些新兴领域，知识产权保护不力却成为其创新创业时面临的严重阻碍。因此，应进一步推动法律层面、制度层面的创新，加强知识产权保护执法力度，尤其是新兴产业领域，要保护原创性，防止恶意抄袭，创造有利于国际科技人才发展的良好创新环境。此外，还应建立知识产权仲裁机制，对知识产权不明的情况进行快速妥善处理。尤其是针对目前偏重吸引已拥有一定技术成果的科技人才，而相关技术成果是科技人才在海外工作的积累与延伸，应建立相应机制，明确引进的科技人才的相关技术成果所有权，避免潜在冲突。

（4）利用前沿与高端的项目吸引和留住人才，因为产业聚集就是人才实现自身价值的有效载体。例如，美国的凤凰城（菲尼克斯）地处加利福尼亚州的沙漠地带，由于请来了摩托罗拉公司，一下成为沙漠地区的著名城市。我国的杭州，由于阿里巴巴集团，成为中国著名的创新城市。同时这两个城市也吸引了大量的高科技人才聚集。

三、科技人才激励措施

在管理学和心理学中，激励通常是指调动人的积极性，发挥其潜能的手段。对于科技人才来说也一样，只有科学合理地激励，才能激发干劲、提高忠诚度、发挥创造力。

关于如何进行激励，众多的心理学家、管理学家进行了深入的研究，提出了多种系统的激励理论和方法。像对引进的特殊科技创新人才在科研、个税、住房、家属就业、子女入托入学等方面实施特殊的优惠政策，就是一种典型的人才激励政策。

（1）要给予科技人才足够的信任。在科技组织，科研项目团队里，如果没有人与人的基本信任做润滑剂，社会就无法正常有序地运转。信任是加速人才自信力的催化剂，是一种基本激励方式。人才是特殊群体，各级领导干部要有识才的慧眼、用才的气魄、爱才的感情、聚才的方法，知人善任，广纳群贤。要充分体现相信人才、依靠人才、发扬人才的精神；对人才的信任则体现在平等待人，尊重人才的劳动、职权和意见上，这种信任体现在"用人不疑，疑人不用"上，表现在放手使用上。要用崇高的理想、高尚的精神引导和激励各种人才建功立业，同时要关心和信任他们，尽力为他们创造良好的工作、生活和学习条件。

（2）及时地提拔重用德才兼备的科技人才，以免打击了"千里马"的积极性。千万不能因体制机制问题对人才"视而不见""置之不理"，以致压制和埋没人才而造成损失。要有灵活的人才任用和晋升机制，使人才各尽其能，各展其技；要不拘一格，及时地给任务压担子，引入竞争和激励机制，形成良性循环。

（3）要积极满足科技人才"渴求知识"的需求。在知识经济社会，世界日趋信息化、数字化、网络化。知识更新速度不断加快，人才的知识也有老化现象。真正的人才是需要在实践中不断丰富和积累知识，不断地加强学习，有"终身学习"的觉悟，有"随时随地"学习的习惯。对科技人才必须要大力支持其拓展学习的空间，提供培训的渠道。通过脱产学习、参观考察、进高等院校深造、引进高层次讲座、送国外培训等办法措施进行知识激励。保持人才知识的地位，就能使人才成为技术发展的尖兵，前沿技术的窗口。

（4）情感是影响人们行为最直接的因素之一，科技人才也有渴求各种情绪的需求。按照心理学上的解释，人的情感可分为利他主义情感、好胜情感、享乐主义情感等类型。科技人才情感激励上，要注重情感留人、真情动人、情思聚人。对于科技人才在工作上的挫折、感情上的波折、家庭上的裂痕等各种"疑难病症"，要给予及时"治疗"和疏导，绕弯子、解扣子、搭梯子、指路子，以建立起正常、良好、健康的人际关系、人我关系、个人与群体的关系，营造出一种相互信任、相互关心、相互体谅、相互支持、互敬互爱、团结融洽的团队和组织氛围。还要重视与人才的了解和沟通，对成绩要给予充分的肯定和及时的表扬、宣传；对缺点和不足要与他们进行认真的交心和谈心，帮助他们改正和克服。只有这样，才能让人才意识到自己是被关心、被理解、被尊重、被重用的，在这样的环境中工作，才会有前途，才能实现自己的远大抱负和人生价值。

（5）要协助科技人才确定适当的目标，诱发其展示动机和创造行为，达到调动人才的积极性的目的。目标作为一种诱引，具有引发、导向和激励的作用。一个人只有不断启发对高目标的追求，才能激发其奋发向上的内在动力。

另外从人的动机看，人人都具有自我肯定、光荣、争取荣誉的需要。对于一些能力突出的尖端人才，给予必要的精神奖励，是很好的精神激励方法。

四、利用大平台成就人才

习近平在全国科技创新大会上提到，"科技人才培育和成长有其规律，要大兴识才爱才敬才用才之风，为科技人才发展提供良好环境，在创新实践中发现人才、在创新活动中培育人才、在创新事业中凝聚人才，聚天下英才而用之，让更多千里马竞相奔腾"[①]。

从前面关于人才知识激励的分析也可以看出，基于科研工作的特殊性质，科技人才的学习和成长就是其工作的一部分，因此科技人才的培养发展与工作实践必须紧密衔接。很多时候，科技人才缺少的并不是学习内容或资源，也不是学习方法或技术，而是融汇工作与学习两方面，使得他们能够集中精力，发挥特长，在实践中获得成长，在成长中产出成果的舞台或平台。只有打造出发展平台、交流平台、实践平台和创新平台，才能让科技人才找到施展才华的舞台，才能最终成就人才。

（1）搭建科技工作岗位体系和专家职称体系，打通职业通道，明确考核与评价标准，建立科技人才职业发展平台。工作和事业的发展是科技人才群体的主要关切点，给予科技人才光明的职业前景是解决科技人才成长问题的基础。

职业发展平台内容应包括发展通道、发展指引和发展跟踪等机制。要依据《关于深化项目评审、人才评价、机构评估改革的意见》等指导性文件要求，科学合理地制定人才评价机制，积极探索和推进分类评价。对科技人才的考核上，要突出品德、能力、业绩为导向评价人才，克服唯学历、唯资历、唯论文等倾向。

（2）为科技人才提供成果共享和学术交流的平台，可以促进科研工作提质增效。要根据科研工作总体要求，制订内部交流、外部交流、学术交流、跨界交流、国际交流等交流计划，便利科技人才在不同研究领域、不同研发系统、不同单位之间的交流。促进科技工作的成果共享与经验传承，建立网络化的知识库，集成科研历史数据、研究成果、实践经验。

（3）在科技攻关项目中可采用自愿报名，公开比选、择优录取的方式，打破

① 《习近平：为建设世界科技强国而奋斗》，http://www.xinhuanet.com/politics/2016-05/31/c_1118965169.htm，2022年9月2日。

身份限制，让科技人才得到更多施展才华和抱负的机会。这样能够在完成科研攻关目标的同时，还能达到锻炼队伍，发现人才的目的。

（4）通过举办创新创业大赛，建设科技创新工作室等方式，激发广大科技人才的创新创业热情。完善以增加知识价值为导向的分配机制，加强中长期激励，实现个人与组织风险共担，收益共享。利用资源、平台和渠道优势，让优秀科技成果加快走向市场，形成企业搭台、市场检验、个人创造、共获成功的完善体系。

第三节　创新创业环境

一、公平的创新创业环境

（1）消除垄断，开放竞争。大力打击当前市场经济活动中存在的行业垄断现象和行为，进一步扩大创业活动领域。

（2）让市场在资源优化配置中起决定性作用。加快对垄断企业的改造，优化其经济结构布局，促使其在市场竞争中重新找好定位。

（3）更好地发挥政府的作用，给广大创新创业者提供更加广阔的市场空间。制定行业规则，破除行业进入壁垒，降低中小企业、小微企业的创新创业门槛，为中小创业者清除创业障碍。

二、降低创新创业成本

（1）对于一些简化创新创业企业审批程序、提高创新创业企业生产经营效率的项目，一定要加大下放力度。

（2）加大资金扶持力度，设立创新创业专项基金，对高质量的创新创业项目给予有力的财政支持。对于企业在创新创业过程中产生的税费、租金等，政府也要制定相应的税费减免、租金补贴等政策，切实降低创新创业的成本。

（3）对于中小企业、小微企业贷款难、融资难的问题，政府要帮助企业协调好与银行等金融机构的关系，为企业开创专属的贷款和融资渠道。

（4）完善法律法规，提升创新创业者的信心和积极性，激发他们的创业热情。法律法规越完善，创新创业的环境也会越优良，创新创业的财富和成果也会得到更好的保护。

（5）对于那些合法、合规进行创新创业活动的企业或个人，应该使他们充分地享受到来自法律的支持和保护。

三、开展创新创业活动

高校作为科技人才培养的主要来源，要坚持"以人为本"的人才培养观念，把培养创新型人才摆在高校教育工作的首要位置。从强化创新创业意识、提高创新创业知识和技能入手，不断增强高校毕业生的综合素质。推动产学研合作，高校与企业进一步深度融合，探索联合办学的新模式培养人才。另外，通过产学研合作举办更多的创新创业知识竞赛、创新创业模拟、创新创业项目实践等活动，帮助科技人才掌握更多的创新创业知识，从整体上提高科技人才的创新意识和创业意识。

第四节　开放的创新体系

一、主动参与全球科技治理

当前国际局势正处在关键节点，反全球化思潮涌动，贸易保护主义和内顾倾向有所上升。虽然出现了这些逆全球化的因素，但科技合作是应对全球性问题的根本出路。

人类共同面临极端气候、环境恶化、食品安全、能源短缺、传染病蔓延等一系列老的全球性问题，数字经济、人工智能、基因编辑等新科技对全球科技治理提出新的挑战。

这些挑战不可能依靠单一国家去应对，必须依靠整个人类社会共同努力。相关科学技术也不可能依靠单一国家去开发、独享，需要全球科技工作者加强交流合作，消除人为的科技合作壁垒，真正形成全球科技合作新格局，共同解决人类面临的全球性问题[1]。

中国虽然形成了知识创新、技术创新、国防科技创新、区域创新、科技中介服务等相互促进、充满活力的国家创新体系，但还存在着经济科技两张皮、基础研究投入强度低、关键核心技术突破难、科技成果转化率低、产业和企业创新发展核心竞争力低、对市场需求和资源配置模式及创新组织方式的新变化不够敏感等问题。

开放创新体系建设，就是克服种种困难，应对全球科技治理格局的深刻变化。在政治因素干预国际贸易，国际市场被人为分割，供应链、产业链、创新链被人

---

① 赵刚：《科技外交应纳入外交战略》，《瞭望》，2007年第52期，第72页。

为切断，国际科技交流合作受阻，人才环境被破坏，正常商务活动和人文交流受到限制的不利情况下，为科技发展和科技强国建设做出贡献。在不断增进全球公共利益的同时维护好国家利益，营造有利的国际环境。

二、开放创新体系建设主要关切点

（1）作为新兴大国和世界上最大的发展中国家，中国在参与全球科技治理时应明确角色定位，尽力而为，量力而行，加强部门、大学、院所、企业和社会组织协同参与全球科技治理的统筹协调。可将扩大科教文卫交流项目、推进科技人文交流和"行动外交"作为优先事项。例如，在卫生、教育和经济等领域帮助发展中国家改善生活和增加就业机会，积极推进技术援助。

（2）注重关键技术和战略科技力量提升，以在世界科技前沿领域与发达国家至少形成"非对称"优势为目标。大力吸引全球生产与创新资源融入国内产业链和创新网络，促进高端制造与现代服务深度融合。深化与主要创新大国和关键创新小国的合作，有效化解少数国家的围堵和遏制。打造国际科技合作新平台，进一步提升中国和新兴经济体在全球价值链中的分工地位和国际影响力。

（3）促进自主创新同时鼓励合作创新。充分发挥中国在数字经济时代所具有的健全的工业体系和创新体系、丰富的工程师队伍、庞大的市场及快速发展的巨大需求优势，在人工智能、数字制造、基因测序、平台服务、数据挖掘等第四次工业革命典型技术和产业方面发力。改变自主创新能力和核心竞争力弱、重点领域以跟踪模仿为主、技术储备不足、关键核心技术受制于人、产业国际分工处在中低端的局面。

（4）国家科技创新软实力决定了科技创新硬实力的效用和价值创造，当同一时期内的科技创新软实力与硬实力发展不相称时，往往会阻碍该国全球科技治理能力和影响力的发挥。

（5）提升国家软实力，推动中国科学家和科研机构国际科技问题发出中国声音，提升中国科学界的正面形象，获得国际同行和国外公众的理解和支持。

（6）吸引国际知名大学、科研机构和组织来华设立合作机构。鼓励中国科学家担任国际科技组织领导职务。鼓励领先企业和科研机构设立国际科技合作中心和海外研发基地，建立符合合作需求的专业化国际产学研联盟。

（7）积极打造全球科技创新中心。世界经济中心和科技创新中心的转移受科技革命和产业变革影响，也是大国兴衰和国际竞争格局、治理格局的调整结果。要成为全球科技创新中心，首先要成为国际科技合作中心。因此，中国要坚持互利共赢的开放战略，努力建设开放创新体系，打造市场化、法治化、国际化的营商环境。

三、提升国际科技合作水平

从维护战略机遇期的高度处理好新兴大国与守成大国的关系，以合作共赢为目标，保持战略定力，审时度势、沉着应对，着力练好内功，趋利避害、把握机遇。

（一）主要国家或地区与中国开展科技合作的潜力

美国：中美优势互补，有条件和能力在深化合作中实现共同利益。美国商品和服务对华出口对美国经济增长至关重要，美国各州都在中美贸易冲突中损失巨大。在新兴市场制造业的整体专业技能、可靠性、货币稳定性、安全性和国内市场增长方面，中国排名第一。因而美国公司与中国开展业务往来符合美国利益。中美可通过多层次沟通对话，拓展共同利益，营造良好合作环境。

欧洲：中欧是全面战略伙伴关系，可以进一步挖掘合作潜力，增强互补性。推动中欧科技合作向多领域、深层次、全方位、高质量方向发展。除英国、法国、德国等欧洲科技强国外，其他欧洲国家在个别领域也有独特的优势，如瑞士在机械、纺织、工具、手表等精细制造领域拥有优势；比利时在农业、能源、环保、医学、核安全、信息技术等多个领域拥有优势等。

日韩：中日、中韩科技创新合作互补性强，发展潜力大，加强与日韩在科技创新领域的平等互利合作，符合共同利益。

未来无论什么情况，东亚地区都是全球研发活动最密集地区之一，而创新全球化是不可阻挡的大势，因此中日科技和创新合作总趋势还是会加强和上升。可以预料，中日错综复杂的纠葛使中日关系还会像过去一样充满曲折，这也会在每个阶段影响到科技创新合作领域。因此，在双方科技合作交流加强的过程会有起伏。

随着中国在资金、人力、市场等全方位相比于日本和韩国的体量超出很多的情况下，合作中的主动权将自然而然地向中国倾斜。

俄罗斯：大力深化中俄全面战略协作伙伴关系，拓展中俄科技合作。

以色列：以色列在高科技、新能源、生物技术、现代医药等领域研发创新能力强，拥有众多高科技创业企业。

其他国家：促进同友好关键小国的交流互鉴，深化同新兴市场和发展中国家的科技合作，提高研发及技术转移效率。重点在科技人文交流、共建联合实验室、科技园区合作、技术转移等方面扩大高技术产业合作，以科技创新合作带动产能合作，共同参与国际技术标准的制定。

（二）国际科技合作主要渠道和平台

1. 大科学计划（工程）

国际热核聚变试验堆计划（International Thermonuclear Experimental Reactor，ITER）：是当今世界规模最大、影响最深远的国际大科学工程。它旨在模拟太阳发光发热的核聚变过程，探索受控核聚变技术商业化可行性。欧盟、中国、美国、日本、韩国、印度和俄罗斯共同资助了这一项目。

地球观测组织（Group on Earth Observations，GEO）：是国际地球观测领域规模最大、最具权威和影响力的政府间合作组织。中国是 GEO 创始国之一，是代表亚洲大洋洲的联合主席国。

平方公里射电阵（square kilometre array，SKA）：是由全球多国合资建造和运行的世界最大规模综合孔径射电望远镜，同时也是一部超越国界的全球大科学装置，孕育重大科学发现和突破。2019 年，中国作为创始成员国正式签署 SKA 天文台公约。

国际大洋发现计划（International Ocean Discovery Program，IODP）：是地球科学领域迄今历时最久、规模最大的国际大科学计划，其宗旨是促进地球科学领域的国际科学合作，为海洋和全球环境变化提供政策指南。IODP 自 1968 年成立以来，对人类认识气候和海洋变化、理解地球演化规律起到了巨大推动作用。中国于 1998 年加入 IODP。

2. 国际会议、高端论坛、展览等

"一带一路"国际合作高峰论坛：是中国政府主办的高规格论坛活动，主要包括开幕式、圆桌峰会和高级别会议三个部分。

中国国际进口博览会：简称进博会，由中华人民共和国商务部和上海市人民政府主办，中国国际进口博览局、国家会展中心（上海）承办，是世界上第一个以进口为主题的国家级展会。

博鳌亚洲论坛：总部设在中国的非官方、非营利性、定期、定址国际组织，由 29 个成员国共同发起，于 2001 年 2 月在海南省琼海市博鳌镇正式宣布成立。博鳌镇为论坛总部的永久所在地，每年定期举行年会。论坛成立的初衷是促进亚洲经济一体化。论坛当今的使命，是为亚洲和世界发展凝聚正能量。

世界互联网大会：是由致力于推动全球互联网发展的相关企业、组织、机构和个人等自愿结成的国际性、行业性、非营利性社会组织。该组织在中国注册，总部位于北京。

3. 国家国际科技合作基地

由科学技术部及其职能机构认定，在承担国家国际科技合作任务中取得显著成绩、具有进一步发展潜力和引导示范作用的国内科技园区、科研院所、高等学校、创新型企业和科技中介组织等机构载体，包括国际创新园、国际联合研究中心、国际技术转移中心和示范型国际科技合作基地等不同类型。

4. 其他渠道

国际科技交流合作渠道还有国际"创新对话""创新论坛"等机制。中国科协、中国科学院、中国工程院等单位也有各自独有的民间科技人文外交渠道。